这本书的小主人是

————————

我是明雪，最喜欢化学实验课，擅长利用化学知识来破案，欢迎来到化学的世界！

我是明安，还是个小学生，我擅长利用观察力和推理能力来破案，欢迎来到侦探的世界！

学化学来破案

② 网中蜘蛛

陈伟民 著 米糕贵 绘

中国民族文化出版社

北 京

图书在版编目（CIP）数据

学化学来破案 . 2, 网中蜘蛛 / 陈伟民著 ; 米糕贵绘 . — 北京：中国民族文化出版社有限公司 , 2020.4 (2024.6 第 4 次印刷)

ISBN 978-7-5122-0818-6

Ⅰ . ①学… Ⅱ . ①陈… ②米… Ⅲ . ①化学－青少年读物 Ⅳ . ① O6-49

中国版本图书馆 CIP 数据核字 (2019) 第 280407 号

版权代理：锐拓传媒（copyright@rightol.com）

著作权合同登记号：图字 01-2020-0661

学化学来破案 2 网中蜘蛛
Xue Huaxue Lai Po'an 2 Wangzhongzhizhu

作　　者：陈伟民

插　　画：米糕贵

责任编辑：张晓萍

设　　计：姚　宇

排　　版：沈　存

责任校对：祁　明

出　　版：中国民族文化出版社

地　　址：北京市东城区和平里北街 14 号（100013）

发　　行：010-64211754　84250639

印　　刷：小森印刷（北京）有限公司

开　　本：145mm×210mm 1/32

印　　张：24

字　　数：400 千

版　　次：2024 年 6 月第 1 版第 4 次印刷

I S B N　978-7-5122-0818-6

定　　价：128.00 元（全 5 册）

推荐序

现代版的福尔摩斯

　　光阴荏苒，我和陈伟民兄认识已近30年了。我们曾同在高中任教，他教化学，我教语文。他是学校的名师，凡他任教的班级，化学成绩必定数一数二，因此成为大家公认的王牌老师。我们也曾合作同教一个班级，对他教学之生动，深受家长及学生肯定感到佩服，并有一种"有为者亦若是"的企羡。

　　伟民兄不仅是一位化学老师，他更是博学多闻，尤其有一支连一般文科毕业生都自叹弗如的生花妙笔，对历史也有超出常人的涉猎与研究，因此请他写作科学性文章，常能设想精妙，引人入胜，加上文字畅达，常让人不忍释卷。

推荐序

他在报纸专栏和《幼狮少年》写的"大家来破案"系列侦探故事大受欢迎，而今欣见这些有趣、有益又有根据，融文学、历史、逻辑推理与物理、化学等知识于一炉的文章要结集出版，个人自是欢迎及欢喜至极。

我们常说"教育是民族之本"，强调教育的重要性，这是任何人都笃信的事实，但是教育要如何成为民族之本，重点在教育的内涵及教育的方式，前者属于教什么，后者则是如何教的问题。

孟子说"教亦多术"，强调教育的方法不止一种。不管教育的方法有多少种，其中最重要的共同点都是要吸引学

生，让学生对所教的内容有兴趣，产生好奇心，确认所学的不只是应付考试，考完即丢的无用的东西，而是可以融入生活中，以备时时所需，才能发挥引人入胜的效果，提升学生学习的意愿，尤其一些原本对知识没有兴趣，或者没有信心的学生，因为教育方式的改变，终能被循循诱导，产生兴趣，激发信心，这靠的就是教师"善诱"之功。

一样的教师，一样的师资培育，但有成功与失败的教师，其中的分野关键就在教师是否具有"善诱"的功力，能将平淡乏味的教材教得生动有趣，能将学生视之如畏途的学习过程变为津津乐道的晋学之旅。"传道、授业、解惑"其实不难，只要事先多准备，人生历练多些即可，但是要让学生真的有如沐春风的感觉，就真的要靠教师化雨的功力了。简单地说，教书大家都会，如何教得生动有趣，让难懂的知识好懂易吸收，这才是功力所系。

陈伟民兄本来就是一个讲故事高手，是真正会教书的

推荐序

人，上课幽默有趣，故事信手拈来，左右逢源，能化生硬的科学理论为易懂难忘的知识；而其妙招之一就是将深奥难懂的内容，融于日常生活中，透过故事的引导，让知识与生活连接，让生活就是知识的理想实现，二者不再渺不相涉，真正做到生活知识化，知识生活化。

　　本书是主角中学生明雪（冰"雪"聪"明"？）的生活经历（冒险？）。明雪应用平日所学的知识，破解生活难题及突破种种难关，不但丰富自己的人生，也帮助警方破案。阅读本书，就像看一本现代微型的《福尔摩斯探案集》，生动有趣，巧妙结合推理逻辑及生活知识，尤其主角是学生，读来更觉亲切。看完本书有过关斩将、豁然开朗的快感，同时也学会该懂的理化知识。对教师而言，这是一个很好的启发教材：原来理化可以这样教，应该这样教。对一般学生及大众而言，原来理化可以这么有趣，理化可以这样学。

台湾武陵高级中学校长　林继生

　推荐序

目录

1　　银匙验毒

15　　尘土追踪

29　　针孔眼镜

43　　魔术药水

61　　寻藻

77　　网中蜘蛛

93　　水到渠成

109　　受惊的蝙蝠

125　　身如漂萍

139　　读者留言区

银匙验毒

第一堂就是家政课，烹饪教室闹哄哄的，因为今天班上有位从美国来的新同学报到。明安随意玩着手中的几包酱料，后悔平常没有跟妈妈多学几招，如今只能端上一道凉面。

"凉面还需要什么烹饪技巧吗？"其他同学忍不住嘲笑明安。

"谁说不用？调配酱料才是一门大学问！"明安反击道。

此时，一位清秀的女孩随着老师走进教室，班上立刻响起热烈的掌声。接着，老师要她先自我介绍。

"我叫欧丽拉，爸爸是中国人，年轻时就到美国做生意，妈妈则是美国人。因为爸爸要在台湾投资，所以我们全家决定搬回来，今后请多多指教！"欧丽拉的中文虽然有点腔调，但还算清楚，大家都听得懂，于是又报以热烈的掌声。

欧丽拉的头发乌黑亮丽，一双透亮的大眼睛，明安马上被她吸引住了，心想："混血儿果然长得比较漂亮！"

介绍完新同学后，老师大声宣布开始烹饪。不谙厨艺的明安把面条煮熟，将几包酱料搅进去后，迅速完成凉面制作。他端着自己的作品，走到欧丽拉面前，说："你尝一尝，这叫作凉面。"

欧丽拉惊讶地说："哇！这么快就煮好啦？你在家一定常做饭，对吧？"

明安尴尬地点点头，急忙转移话题，问："那你在做什么饭？"

"鱼汤。"欧丽拉弯起嘴角，开心地回答。

明安探头看了看锅，指着里面的汤匙大呼："这把汤匙好漂亮！"

欧丽拉笑说："那是银汤匙，我听说今天要上烹饪课，就把它找出来了。这是外婆教我的，她说煮鱼汤时要在锅里放一把银汤匙，如果变黑的话，就代表鱼有毒。"

明安听了大感兴趣："真奇妙！有的电视剧和武侠电影中也有类似情节，主角常会把银发簪放入食物中检验，如果发簪变黑就表示有毒。"

欧丽拉一听，赶快从书包里拿出笔记本，仔细记下明安的话，高兴地说："好有趣啊！以后再多讲一些台湾的事情给我听，好吗？我虽然会说中文，但对这里的风俗完全不了解。"

听到心仪的女生如此央求自己，明安当然是点头如捣蒜啦！

放学后，明安飘飘然地回到家，说起班上转来一位新同学，而且把煮鱼要放银汤匙的事情也描述了一番。

明雪嗤之以鼻："拜托！无论银簪还是银汤匙都不能检验出毒性，那是无稽之谈！"

银匙验毒

明安不服气地反击："电视电影都这么演，美国也有类似的说法，凭你一个人，就可以把其他人的看法都推翻吗？"

明雪气得从椅子上站起来："你！"

妈妈眼见两人又吵起来，急忙当和事佬："好啦，别吵了！这个星期天爸爸说要带大家去阳明山玩和吃土鸡，再吵的人就不让他去！"

明安闻言，马上笑嘻嘻地说："那我可以邀请欧丽拉一起去吗？"

明雪哼了声："原来是想吸引小女生的注意啊！"

明安急忙为自己辩白："才不是呢！欧丽拉刚从美国回来，我们本来就应该多介绍这里的风土人情啊！"

妈妈思索片刻："明安说得有理，你就邀请她和家人一起去吧！明雪，你不准再胡说了！"

眼看老妈已发出警告，调皮的明雪只得闭嘴。

☀　　☀　　☀

到了星期天，爸爸开车带着一家人，先到欧丽拉家会合。

面对明安一家人的热情，欧爸爸一再道谢："我这趟回来主要是想盖大酒店，到现在都没空陪丽拉。今天早上我还有个合同要签约，麻烦你们先带她到山上走走，我等会儿赶过去和你们一起吃中饭。"

爸爸把用餐的地址告诉欧爸爸，没想到欧爸爸却神秘兮兮地压低声音说："这笔生意的利润很高，得罪了想分一杯羹的人，对方曾放话要对我的家人不利……要麻烦你一路上多注意丽拉的安全！"

爸爸惊讶地说："有这回事？嗯，我们会提高警觉的！"

听到这句承诺，欧爸爸这才放心地转过身去，对欧丽拉交代一些该注意的事项。

车子刚上阳明山，爸爸就开进游客中心停车场。

妈妈不解地问："为什么开进这里？"

爸爸不好意思地说："我不确定到二子坪要走哪条路，所以来看一下地图。"

妈妈笑了笑："我知道路！等一下左转到百拉卡公路

银匙验毒

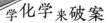
就到了。"

爸爸挠挠头，又把车开出游客中心。

此时，明安喃喃自语："好奇怪啊！后面那辆汽车怎么也跟着一起开进游客中心，没有停车又匆匆忙忙出来？"

耳尖的明雪立刻吐槽老弟："你们男生真无聊啊！到了郊外不欣赏风景，竟然注意起汽车！"

明安不甘示弱地反驳："这款车性能不错，香槟金的颜色也很好看，你懂什么！"

爸爸笑着说："你们两个不要斗嘴了，也许后面的人跟我们一样，不熟悉这附近的道路吧！"

到了二子坪步道入口，他们停好车后，就开始爬山。来回约一小时的路程加上沿途不时停留拍照，上车时，明安就嚷着肚子饿。

"我们现在就到附近的土鸡城用餐喽！"爸爸发动车子，绕过一辆香槟金色的汽车，驶出停车场。

这家土鸡城环境清幽，一排排木屋与厨房隔着颇大的庭院，每桌客人都坐在各自的木屋里吃饭、聊天。

女服务员送上菜单后，爸爸点了一锅烧酒鸡和几道青菜，并叮咛她："稍后还有位朋友会来，请帮我们多准备一副碗筷。"

她点点头，把菜单收回之后，就退了下去。

妈妈转头对明雪说："你看，这家土鸡城的女服务员衣服很漂亮啊！棕色短裙，外罩一件白色围裙，很可爱呢！"明雪也附和道："对啊！我还注意到男服务员衣服是棕色衬衫、棕色长裤，侧面镶着一条黄色的边，也很帅气！"

明安逮到机会，挖苦起明雪："你们女生整天注意别人的服装，不无聊啊！"明雪气得狠狠瞪了明安一眼。

欧丽拉边听两人斗嘴，边从背包里拿出银汤匙："爸爸教我要处处小心，带这个汤匙来就不怕被下毒了！"

明雪刚要纠正这个不正确的观念，没想到欧丽拉开始尖叫起来："哇！汤匙变黑了！这里的空气有毒，快跑！"

大家探头一看，只见银汤匙上面的确出现许多黑色小斑点。

银匙验毒

明雪拉住惊慌的丽拉，慢慢解释："银簪或银汤匙都不能用来检验毒药的！阳明山位于火山地区，空气中含有硫化氢等成分，与银反应合成黑色硫化银，汤匙当然会变黑，跟毒药一点关系也没有——这是我们化学老师上课时说的。"

欧丽拉看着明雪满脸肯定的表情，这才安心回座。此时，一位黑衣黑裤的男服务员端来烧酒鸡，明雪抬头瞧了他一眼。服务员把锅放在桌上的瓦斯炉并点燃后，就退出了小木屋。

锅子外缘有几滴溢出来的汤汁，滴落在炉火上，冒出一阵大蒜味。明雪蓦地站起来，用手抓着勺子，在汤里不停地翻搅。

明安按捺不住，伸手抢她手中的勺子，口中还大喊："我要先吃！"明雪把他推回椅子上，呵斥道："谁都不准吃！这锅烧酒鸡被下毒了！"

一听到有人下毒，胆小的欧丽拉吓得脸色发白。明雪则机警地说："端汤进来的服务员有问题。"

爸爸闻言，赶紧冲出小木屋找人。刚才帮他们点菜的女服务员正好端了一盘菜走过来，爸爸就问她："刚才端烧酒鸡进来的人呢？"

女服务员丈二和尚摸不着头脑："那不是你们的朋友吗？我刚从厨房端出烧酒鸡，走到庭院，就有一个人自称是你们的朋友，说小孩子饿了，要我快去端其他饭菜，烧酒鸡他帮我端进来。"

这时候，欧爸爸刚好赶到。爸爸拉着他，询问服务员："你说的朋友是他吗？"她摇摇头："不，是个穿黑衣的年轻人。"

接着，两家人和土鸡城的工作人员合力把附近搜了一遍，都没有找到那个黑衣男子，只好向警方报案。

当地警察抵达后，对明雪的话半信半疑，刑警队长更质疑她："你怎么知道烧酒鸡被下了毒？"

明雪说："第一个让我觉得不对劲的疑点是，这家土鸡城的男服务员衣服是棕色的，怎么会有人穿着黑衣呢？"

刑警队长皱着眉头说："的确是有些不合理。"明雪继

银匙验毒

续解释:"我在书上读过,砒霜的成分是三氧化二砷,能溶于水和酒精中。自古以来,害人的毒酒往往是用砒霜配制而成,它的特性之一就是受热会冒烟并散发大蒜味。当烧酒鸡的汤汁滴在炉火上,发出大蒜味时,我立刻翻搅整锅汤,想查看厨师是否加了大蒜,结果并没有找到。"

这时明安不好意思地说:"对不起,我当时还以为你要抢着先吃。"

明雪回头瞪了他一眼:"我才没那么贪吃呢!总之,综合这些疑点,让我怀疑锅中被下了毒!歹徒可能是从服务员手里接过烧酒鸡后,偷偷把砒霜倒入锅中,再端进小木屋的。"

"我们会把这锅烧酒鸡送去化验。"刑警队长低头沉思片刻,接着问,"你们一路上有发现什么可疑的人吗?"

明雪回答:"有辆香槟金色的汽车跟踪我们。"

欧爸爸恍然大悟:"香槟金色?我刚刚在前面山路差点和它相撞,早知道那是歹徒的车,我就……"

刑警队长急忙追问："那你记下他的车号牌了吗？"

欧爸爸不好意思地摇摇头："但我怀疑和我竞标的林任，可能是他指使手下干的。"

明雪此时突然冒出一句："在二子坪停车场发现这辆车又跟着我们时，我就记下它的车牌号了。"

众人顿时将崇拜的目光投向明雪，为她的机警敬佩不已，刑警队长始终严肃的脸上，更浮现出一抹难得的笑意。

过了几天，明雪家里接到警局的电话，通知他们化验结果：烧酒鸡中果然有砒霜成分；而明雪提供的车牌号正是属于林任手下所有，但小喽啰不承认有人指使，警方只能先将他逮捕，再详细调查林任是否涉案。

明安听完爸爸转述的内容后，感慨地说："噢！幕后主使的歹徒还没落网，欧丽拉的生命仍然受到威胁，我一定要好好保护她！"

明雪忍不住呛他："哼！那天要不是我制止，第一个中毒的人就是你！还想保护欧丽拉？"

银匙验毒

　　明安不甘示弱："要不是我先发现那辆车很可疑，你会提高警觉吗？"

　　听见姐弟俩又吵起嘴来，爸爸妈妈对望一眼，却只能苦笑着摇摇头。

　　和妈妈逛街时，是不是常听卖饰品的店员提醒：泡温泉时记得要将身上佩戴的银饰品拿下来，不然就会变成"黑饰"，你是否想过其中的原理？原来，火山地区因为含有硫化氢气体，易与银发生反应，形成黑色斑点（硫化银，Ag_2S），所以店员才会说要让银饰品远离温泉！银的元素符号为 Ag，它与硫化氢气体的反应方程式则是：

　　$4Ag + 2H_2S + O_2 \rightarrow 2Ag_2S + 2H_2O$

　　现在，你知道其中的奥秘了吗？

　　银匙验毒

尘土追踪

明天早上明安要参加学校举办的郊游，到台北土城近郊登山。依照常理，今晚他回到家时应该会兴高采烈地去采购零食才对，可是他却愁眉苦脸。

"怎么啦？"妈妈不解地问。

明安从书包里抽出一张学习单，愤愤不平地说："都是地理老师害的！他说出去玩也是学习，所以发了这张单子，要大家在旅游前搜集资料，并沿途用心观察记录，隔天还要交作业。早知道玩得这么痛苦，干脆不要出去了！"

明雪在一旁幸灾乐祸："谁说是出去玩？看看你们学校发的通知吧！上面明明就是'校外教学'，既然是教学，

当然要写作业啦！"

妈妈接过去看了一下，上面密密麻麻写着一堆问题，要学生记录郊旅当地的地质与地形景观，不禁摇头、咋舌："这么难？明雪，你帮他找一些数据，我要去打包行李啦！"

明安这才想起，爸妈早就计划好从明天起要到绿岛旅行三天。

明雪嘟着嘴，接过学习单："玩、玩、玩！大家都出去玩，只有我最苦命，不但没得玩，还要帮忙写作业！"浏览完单子上的问题后，她觉得没那么难，便走到书架前，抽出一本书，交给明安，说："喂！你要的答案，这本书上都有！"

明安接过来一看，书名是《台湾北部地质之旅》，再细看目录，原来是一本地形考察指引。书中挑了台湾北部数个景点，如滨海公路、阳明山及新竹关西地区等，详细介绍了各地的地形、地质、岩石种类等。

明安皱着眉头，把书放下说："太难了！"

明雪怒道："是你的作业啊！自己不写，难道等我帮你写？"说完，便扭头回房间，不理明安了！

☀   ☀   ☀

第二天清早，爸妈出门后，明安也高高兴兴地跟着老师和同学去郊游。

他们的游览车直接开到土城的山上，大约早上九点，车子在一间废弃的游乐场前停好，然后同学们就下车整队，由老师带着穿越摊贩区，经过一间庄严肃穆的寺庙，来到登山口开始活动。

登山小径蜿蜒曲折，十分狭窄，百转千折直达山顶凉亭。小径两旁植满大树，浓密树荫遮蔽了阳光，所以并不觉得热。明安故意放慢脚步，陪着落后的欧丽拉。两人互相交换零食和饮料，有说有笑，跟着队伍开心地向山上缓慢前进。

走了约半小时，欧丽拉突然悄悄地对明安说："糟糕！刚刚饮料喝太多了，现在想上厕所，怎么办？"

— 17 —　　　尘土追踪

　　明安抬头看到前方是个分岔路口，路标显示还要继续往前走2000米才到凉亭，左侧有条快捷方式可以回到刚才路过的寺庙，只有500多米的距离，便高兴地说："我们可以从左侧快捷方式走下去，到庙里借用厕所。"

　　两人交代走在前面的同学，若老师问起，就说他们到庙里上厕所，稍后会赶上队伍，便脱队沿着快捷方式向下走。这条路没有别的登山客，只有一名黑衣中年胖子一路跟在后头，不停用手机打电话。明安与欧丽拉自认为走得太慢挡到路，想让他先走，但他坚持要走在后面。由于坡度很陡，两人慢慢走，大约花了半小时，终于看到寺庙的后墙，却突然发现前方一名黑衣瘦子拦在路中央。

　　欧丽拉客气地说："先生，请借过。"

　　瘦子不但不让路，反而尖声怪笑："你要到哪里去？我们老大在车上可是等得不耐烦了！"边说边伸手去抓欧丽拉。明安发觉不对劲，急忙冲向前要救她，但走在后面的胖子突然跑过来，朝着明安的后脑勺猛地挥出一拳，明安只觉得头很痛，就晕了过去，昏迷前还听到丽拉的尖叫声。

"明安！明安！醒醒！"明安在剧烈的摇晃中醒来，发现老师抱着自己，正拼命叫喊及晃动，想把他叫醒。

"老师，丽拉她……"明安虚弱地说。

"丽拉到哪里去了？"老师着急地问。

"她……被坏人抓走了！"

原来是路人发现晕倒的明安躺在庙旁角落，看到他运动服上绣的校名，赶紧请庙中住持通知校方。学校主任立即以手机联络明安的班主任，惊慌的老师闻讯后，将班上学生委托给别班老师照顾，便急忙赶下山寻找。找到明安后，他先将明安送到医院急诊，并打电话报警，接着通知欧爸爸和明安家人。但明安家没人接电话，父母手机也没开，只好改打明雪的手机。

明雪刚上完两堂数学课，发现手机在震动，以为是爸妈打来的，结果是明安的老师。一听弟弟受伤，她急得不得了！虽然平常爱跟明安斗嘴，但两人感情其实好得很，听到明安被打，她心疼极了！爸妈正好不在，她连忙向老师请假赶到医院。明安的后脑肿了个包，幸好检查结果只是表皮瘀血，脑部并未受损。

警官李雄已仔细听完明安描述，欧爸爸赶到医院后，也向警方陈述自己因买地纠纷，得罪了黑道分子林任。明雪也说明上个月在阳明山遭到下毒的事件，经查证后确与林任手下的小喽啰有关。

李雄果断地说："救人要紧，我立刻向检察官申请搜查令，到林任家找人。"

欧爸爸载着明雪，跟在警车后面。一行人到达林任家时，已经将近下午一点。林家是位于台北市北投区的一栋二层别墅，一楼左侧是用人房，右侧挑空作为花园及停车场，里面停着林任的豪华轿车。用人房有一道楼梯通往二楼，明雪站在门外都听得到二楼的电视正大声播报着女童遭绑架的新闻。外籍女佣看到大批警察，吓得手足无措，正迟疑该不该开门，林任却悠闲地剔着牙从楼梯走下来，命令女佣开门。

林任对大批警察包围他家显得一点也不紧张，反而对站在门口的欧爸爸露出邪恶的笑容。"真不幸呀！看到电视上播出令爱被绑架的消息，我真替你惋惜！赚了那么多钱，如果不能照顾好家人，又有什么用呢？"

李雄出示搜查令后，大批警察就在整栋别墅展开彻底的搜查。明雪不能进屋，只能隔着栅栏观察那辆豪华轿车，车子虽然气派，但上面有一层尘土，明雪从栅栏的缝隙伸手进去摸了一下引擎盖，热热的。

外籍女佣急忙出声制止明雪摸车："拜托你不要乱摸！老板交代我负责车子的整洁，我每天早上都要刷洗清理这辆车，如果被摸脏了，老板会骂我。"搜查的警察在别墅内并未找到丽拉的踪影，也没有发现任何可疑的物品，李雄无奈指示收队，大批警察垂头丧气地走下楼梯。

这时明雪凑到李雄耳边，轻声说："刚才这一家的女佣说她每天早上要洗车，可是车子上布满尘土，而且引擎盖还是热的，这辆车可能刚刚跑过长途，请鉴识人员搜证，或许有帮助！"

尘土追踪

李雄对明雪的观察力一向很有信心，立刻请鉴识人员张倩在这辆车上采证。

张倩的化学和生物知识渊博，一直是明雪的偶像，也因为张倩的影响，使明雪立志将来要当一名刑事鉴识专家。因此，她聚精会神地观看张倩如何进行搜证。

张倩戴上口罩和橡胶手套，先用毛笔把车子外表的灰尘刷进一个试管中，再用刮勺在轮胎后面的挡泥板上刮下一层泥土，放进另一个试管中。

接着，张倩打开车门，在后座仔细寻找，不久用镊子夹起一根纤维，抬头问欧爸爸："丽拉今天是穿粉红色的衣服出门的吗？"

欧爸爸兴奋地说："对！你怎么知道？"

"因为在后座找到一根粉红色的纤维。"

林任听到，脸色大变，但他仍强悍地说："一根纤维能证明什么？我太太也有很多件粉红色的衣服。"

张倩笑着说："请你提供她的粉红色衣服让我取证，只要化验一下就能知道是不是同一件衣服的纤维了。"

李雄补充说明："凭这根可疑的纤维，我就可以把你押回警局慢慢审讯。"

"假如……我是说假如……"林任又露出邪恶的笑容，对着欧爸爸说，"假如你女儿真的是被我抓走的，现在我又被你们扣押起来，万一我的兄弟一气之下，对她不利，怎么办？"

李雄从没见过这么嚣张的嫌犯，敢当着警察的面威胁家属，立刻下令把林任带回警局审讯。

明雪也坐着张倩的车回到实验室，急着想知道化验的结果。

经过仔细的检验，张倩告诉明雪："车上的纤维不属于林太太的衣服，不过还是挡泥板最上层的尘土比较有趣，经过化验，这些尘土含有大量白砂岩碎屑，其中石英占92%，氧化铝占4%，氧化铁占0.3%，这种成分的砂子叫玻璃砂，稍加提炼就可以制作玻璃了。"

明雪歪着头，想了又想"白砂岩……玻璃……"，忽然，她跳了起来，说："我知道了，在我拿给明安的那本

尘土追踪

《台湾北部地质之旅》书上，就记载着白砂岩主要分布在桃园、新竹、苗栗一带，也因为这个缘故，台湾的玻璃工业以新竹最发达。挡泥板最上层的尘土有玻璃砂，显示这辆车刚跑过这一带。再以车程来估计，丽拉大约早上十点被抓，我们下午将近一点赶到林任家时，林任的车引擎还是热的，前后相差三小时。若以土城到新竹再回到北投，全程约150千米，再加上一点处理人质的时间，三个小时还是合理的。"

张倩深觉有理，连忙把这项猜测通知李雄。

李雄由林任口中问不出任何数据，而且林任请来的律师扬言要控告他妨碍自由，李雄为此正头痛不已，接到张倩的电话，连忙改变调查方向，由林任名下的不动产查起，果然发现他在新竹宝山乡拥有一座仓库，急忙通知当地警方前去查看。

当天傍晚，荷枪实弹的警察冲进仓库时，现场看守人质的胖子和瘦子——也就是早上动手绑架丽拉的两人立刻束手就擒，并供出是由林任指使他们绑架，也是他亲自开车把人质送到新竹来拘禁的。因为上次派小喽啰下毒没有成功，所以这次他亲自出马，率领两名手下跟踪丽拉，终于找到远离人群的最佳下手机会，而且依计划把人质藏到别的县市，以为警方不可能找得到人。没想到在囚禁人质的仓库前，有一小段泥土路，一点点尘土溅在汽车的挡泥板上，使警方迅速救出人质并破案。

　　丽拉经过一整天的惊吓，显得苍白而虚弱，幸好毫发无伤。明安因救她而受伤，使她心存感激，两人的关系比以前更好了。爸妈旅行回来，了解整个事件的经过后，一再告诫明安以后外出不能脱离队伍。明雪没想到地质知识也可以救人，立志今后要更广泛涉猎各方面的学问，好让自己更加杰出！

　尘土追踪

科学小百科

　　台湾制造玻璃原料除了新竹、苗栗盛产的白砂岩外，含石英量高的海滩砂和沙丘砂也可以当成原料，其著名产区亦在竹、苗沿海（如苗栗县白沙屯海岸），故新竹得地利之便，成为台湾玻璃重镇。砂原料必须送至洗砂厂洗选、去杂质，目的在于提高石英（SiO_2）与降低氧化铁（Fe_2O_3）成分。制作平板玻璃用的精砂，所含石英要高于96.5%，氧化铁降低至0.09%以下；制作高级水晶玻璃等的特级砂，所含石英甚至高达99.5%以上，氧化铁则须低于0.022%。

针孔眼镜

欧爸爸投资的大酒店即将举办开业酒会，他觉得酒店大厅应该摆设一些美丽的花卉、盆栽，才能吸引顾客上门。他知道南投埔里有很多苗圃，打算利用这个星期日到那里采购。因为丽拉的学校利用星期六举办校庆活动，星期一可以补休一天，所以要求跟着爸爸到埔里玩，还邀请明安和黄璇两位好友同行。

欧爸爸要小朋友们上网找数据，在哪里住宿、到何处游玩全由三人规划，他只负责开车，不过得空出半天时间让他采购花卉。丽拉看上一家农场兼营的民宿，因为对方在网页上贴出的照片非常漂亮，三人一阵讨论后就打电话

针孔眼镜

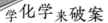

过去预约。

星期天一大早他们就出发了，因为假日车多，大约下午三点才抵达埔里。他们按地址直奔农场，没想到从大马路向左拐进一条小路后，又开了将近一千米，仍然没找到民宿。路旁大多为苗圃，没看到任何人，开到道路尽头，车子还差点掉进小溪中！欧爸爸不禁埋怨小朋友们不懂事，怎么会预约这么偏僻的地方？

"我看它的地址只写某路某号，以为就在大马路旁，谁知道这么偏僻！"丽拉嘟着嘴回答。

因为路太窄，无法回转，欧爸爸只好倒车开了几百米，没想到这时无意间发现民宿的招牌！原来刚才匆匆赶路，没仔细看所以错过了，欧爸爸把方向盘往右一打，开进农场大门。

农舍里走出一位妇人，戴着厚重的眼镜，看来近视度数颇深。她指挥欧爸爸把车停进农场大门边的车库，接着上前要帮他们提行李。小朋友坚持自己提，但妇人仍热心地抢了欧爸爸的行李，帮他提进屋里——欧爸爸因为要锁车门，只好由她提走。

这是一栋两层楼的农舍，一楼是屋主自己住，二楼则开放为民宿。妇人是农场的老板娘，老板原本坐在一楼客厅，看到她提着行李，赶紧过来接手。寒暄几句后，就把行李提到二楼房里，接着他就有事出门了。丽拉总共预约了两间房，欧爸爸和明安住一间，她和黄璇住另一间。

安顿好行李后，大伙走下楼来。一打开农舍大门，哇！真是花团锦簇，恍如置身于一座漂亮的花园里。农舍前有片美丽的草地，老板娘正在工作。大家一走近，发现她正在晒洛神花。欧爸爸惊讶地环顾四周——农场里的确种了许多洛神花。

他不禁赞叹："哇！酒红色的花萼！我喝了那么多年的洛神花茶，还是第一次看到植株呢！"

老板娘边工作边笑着回答："喜欢的话，明天让你们带一些回去泡茶！"

欧爸爸开心地向她道谢。再往前走，他们　行四人更惊讶了——农场里竟然饲养着黑天鹅、鸳鸯、雉鸡、黑

针孔眼镜

猪……简直就像一座迷你动物园！这时，在园里工作的老先生远远指示他们，把桶里的鱼饲料撒进户外水池中。

黄璇满腹疑问地拿起勺子："用这么大的勺子？在台北，一小包鱼饲料就要十元呢！"待饲料撒进水里，"啪！啪！"一群群肥大的黑鱼窜上水面争食，还不时溅起水花，其中最大的有五六十厘米长，小朋友们乐不可支，争相喂食。

接着他们逛了农场一圈，发现里面种着各色花卉，美不胜收。丽拉询问："爸爸，你还要到别的苗圃买花吗？"

欧爸爸笑了笑，上前问老板娘："你们这些花卖吗？"

"当然卖啊！"她拿出名片，发给每人一张，上面写着经营项目包含了民宿、花卉及香草植物买卖。

欧爸爸高兴地说："本来到你们这里只是住宿一晚，真正的目的是要到附近苗圃采购花卉，但现在我决定向你们买花！这些花不但种得好，我还跟你们学习到将来经营大酒店的诀窍——让客人惊喜不断，觉得物超所值！"

妇人高兴地找来老板，欧爸爸和他议定好花卉的价格及数量后，转头对小朋友们说："没想到生意这么快就谈妥了，接下来的时间，我们可以尽情游玩了。现在先去吃晚餐吧！"

小朋友们闻言，高兴地发出欢呼声。他们到镇上吃了一顿丰盛的火锅大餐，用完餐后，天色已暗，通往农场的道路一片漆黑；幸好白天欧爸爸开过一趟，所以顺利返回农场。

他刚把车停进车库熄火，一名蒙面男子突然冲进来，持枪对着他们。明安这才发现，农场老板被另一名蒙面歹徒用枪挟持着，站在车库外，老板娘则于一旁低头啜泣。大概是因为经过与歹徒扭打，她的肩部关节受伤，无法将双手扳到背后，歹徒只得将她的手绑在身前。她吃力地用衣袖擦拭泪水，厚重的眼镜掉在脚旁，镜片也被踩碎了。

欧爸爸和小朋友们被眼前的景象吓呆了——农场遇上了抢匪！但在这么偏僻的地方，要怎么求救呢？歹徒挥手命令他们下车，每个人随即被布蒙上眼睛，双手也被反绑。

针孔眼镜

"老大，现在怎么办？"其中一名歹徒问道。

对方沉思片刻，说："我带老板到屋里拿钱，你把其他人身上的手机全都没收，仔细看守，别让他们轻举妄动！"

"那个老太婆要不要也蒙上眼睛？"小喽啰提议。

老大轻蔑地说："不用了，她近视那么深，没眼镜就跟瞎子没两样！"

这时，老板苦苦哀求："我们真的没有什么钱啊！"

"骗谁呀？你的农场这么大，民宿和苗圃的生意这么好，说你没钱，鬼才相信！"老大粗声回骂。

老板颤抖的声音再度响起："但我家里确实没有多少现金。"

带头的歹徒冷哼一声："没有现金？珠宝、古董都行！如果真的没有，我就把你们扣到天亮，再押到银行领钱！"

接着，老板娘被狠狠推进车库里，和其他人一起坐在地上。丽拉和黄璇都被吓哭了。

负责看守的小喽啰不耐烦地说："都闭嘴，吵死了！我们老大只是要抢劫农场，不想把旅客扯进来，所以才挑星期天晚上动手。照理说，这是民宿生意最冷清的时候，谁叫你们倒霉，自己闯进来！"

欧爸爸不停安慰着丽拉和黄璇，明安则不发一语，双手在地上摸索。

约一小时后，老大的声音再度出现，他对手下说："搜不到多少钱，但找到这本存折，存款可不少……哼，等天亮再押老板到银行取钱！"

接着又是漫长的等待。虽然眼睛被蒙住，明安仍能感觉到周围的光线变强——应该是天亮了！经过一段漫长的时间，众人的肚子已饿得咕噜叫，这时他们再度听到老大的声音："喂！快九点了，银行快开门啦！我先押老板到大门口，你负责从外面锁车库门，再将车子开过来，带我们到镇上取钱，嘿嘿，只消几分钟，我们就可以拿着一大笔钱，逃之夭夭了！"

接着他又对老板娘说："别担心，等我们领到钱，平安抵达台中，就会放你先生回来！"

一阵杂沓的脚步声后，扯动铁链的刺耳声音紧跟

针孔眼镜

着响起——大概是歹徒怕他们逃脱，在门外多绕了几道铁链。

听到歹徒的脚步声渐渐远去，欧爸爸低声喊道："快点，我们背靠背，互相解开绳子！"

明安则机警地问："老板娘，你被挟持前看清歹徒的车号了吗？"

"没、没有……我当时正在厨房洗碗，听到汽车驶进农场的声音，还以为是你们吃完饭回来了，没有特别注意。不久，歹徒就冲进来抓住我。"老板娘或许是担心先生的安危，声音颤抖得很厉害。

这时，歹徒发动引擎的声音传来，明安急忙大喊："老板娘，车子经过车库的刹那，你一定要看清楚歹徒的车号，这样才能救出老板！"

老板娘回答："我没有眼镜，什么都看不清啊！我双手绑在前面，比较方便移动，我帮你们解开绳索，你们去看。"

明安急忙打断她的话："等你解开绳子，歹徒早已跑远了！快，我手上有张名片，你拿去贴在眼睛上，透过门缝向外看！"

由于老板娘是唯一没被蒙眼的人，而且双手绑在身前，仍能自由走动。她跑到明安背后，拿走他手上的名片——上面有数个针孔。她半信半疑地跑到车库门口，把名片上的针孔对准瞳孔，透过门缝往外看。歹徒的车正好驶过车库，右转后开出农场大门——车牌号码虽然模糊，但仍能辨识！

她高兴地大喊："我看到了！车号是261。"

这时，欧爸爸已解开丽拉的绳子，丽拉拿下眼罩后，赶紧帮每个人松绑。接着，欧爸爸用力摇晃车库大门，但完全无济于事。

明安提醒他："叔叔，我昨天曾看你在车上接过一个电话，那应该是汽车配的无线电话吧！我们不必急着逃出车库，快用电话报警吧！"

欧爸爸如梦初醒，赶紧发动汽车，用电话向警方报案，并告知歹徒车牌号。

针孔眼镜

三十分钟后，一辆警车鸣笛开进农场，警察费了九牛二虎之力才破坏了门上铁链，救出他们。老板娘仍然担心先生安危，抓着警员哀求："拜托，赶快救我先生！"

警员好言安抚："刚刚我的同事已赶到银行查看，但职员说你先生已由两个朋友陪同，取钱离开了。不过别担心，埔里是座山城，我们已在所有外出道路布下岗哨。既然知道车号，歹徒绝对逃不了！"

这时，他腰间的无线电对讲机响起："歹徒已在台十四线落网，人质平安。"

虽然对讲机的声音伴随着嘈杂的噪音，但对老板娘来说，这是全世界最悦耳的声音！

❋　　　❋　　　❋

当天下午，明安一行人准备离开埔里返回台北。

老板娘依依不舍地拉着明安的手："小朋友，你怎么那么聪明？知道在名片上刺几个孔，就可以让我这个'大近视'看清楚远处的东西！"

明安腼腆地说：“没什么！曾有一位亲戚知道我和姐姐两人爱看书，就送了一副号称可以预防近视的激光针孔眼镜——其实只是在塑料板上刺几个小孔。但是很神奇！戴上这副眼镜后，无论近视、远视、老花眼，统统可以看清楚远处的东西！不过当时爸爸就告诉我们那是骗人的，你只要随便在硬纸板上刺几个孔，都有相同的效果——那是小孔成像的原理，与预防近视无关！”

他不好意思地笑了笑，继续说道：“昨晚，当我双手被绑，坐在地上时，因为被歹徒监视，不敢轻举妄动。百无聊赖中，摸到地上有一枚掉落的回形针，霎时间想到可以帮老板娘看清楚远处的东西，所以就从口袋中找出你发给我的名片，在上面扎了几个洞，没想到真的可以派上用场！”

“谢谢你们救了我！那些订购的花都免费送你们啦，以后有需要随时来玩，统统不要钱！”脱离险境的老板也大方示意。

丽拉大声欢呼：“以后爸爸来，我也要跟着来！你们

的农场好漂亮啊！"

黄璇和明安也同声附和："我们也要来！"

欧爸爸笑着点头："时候不早了，我们该出发啦！"

"别忘了带走我亲手晒的洛神花啊！"老板娘边扬声说道，边送上已准备好的罐子。

刚历经生死瞬间的六人，感受这风平浪静的悠闲时刻，不禁相视而笑。

科学小百科

　　小孔成像的原理是指光线于物体上的每一点发出，沿着直线前进，透过小孔（或类似装置）会在另一端生成上下、左右相反的影像（近似"三角形原理"）。如果孔径太大，投射的光线过多，影像就会模糊；反之，孔径太小也会影响成像清晰度。早期的针孔照相机即利用此原理，让光线穿透一个小孔，在暗箱形成外部景物的倒像。爱动脑的你，赶快试一下吧！

针孔眼镜

魔术药水

　　明安的学校每周有一天是便服日，男同学大多随便穿，女生就不同了，个个挖空心思打扮得漂漂亮亮。像欧丽拉就穿了一件洁白的连衣裙到学校，和白皙的皮肤相得益彰，甚至有同学叫她"白雪公主"。

　　下课时，女同学三三两两讨论衣着，平时最爱调皮捣蛋、恶意戏弄他人的林大显突然走到丽拉身边，将一瓶蓝墨水往她身上泼去！白裙子立刻留下一大片蓝色墨迹，旁边聊天的同学全被大显的行为吓呆了！

　　丽拉回过神来，低头查看衣服上的墨迹，不禁难过地放声大哭。

　　魔术药水

明安眼见如此可恶的行径，不禁高声斥责："喂！你怎么可以这样？太过分了！"

没想到大显笑嘻嘻地说："开个玩笑嘛！"

丽拉边掉眼泪边生气："这是妈妈送给我的生日礼物，我一直很喜欢。现在衣服毁了，你怎么赔？这能随便开玩笑吗？"

大显仍是嬉皮笑脸："别生气嘛！你再看看衣服！"

丽拉低头一看，发现蓝色墨迹好像淡了一些，再过了几分钟，竟然完全消失了，衣服洁白如昔。

同学们搞不清楚这是怎么回事，要大显解释墨迹是怎么消失的。

"这是一种整人玩具，叫作魔术墨水！虽然刚使用时颜色很深，但不消几分钟，痕迹就会自动消失。"大显看着同学们被他唬得一愣一愣的，脸上带着几分得意，"好了！丽拉，你瞧，衣服不是恢复白色了吗？别再哭啦！"

因为衣服看来毫无损伤，丽拉便停止哭泣，但余怒未消，不跟大显说话就扭头回到座位。大显急忙跟在旁边赔罪，但一切都太迟了，因为丽拉放声大哭时，已有同学跑去报告班主任，班主任闻讯赶来教室。

"大显，听说你把丽拉气哭了，这是怎么回事？"

大显没料到会惊动老师，不敢再嬉皮笑脸，一五一十地报告事情的经过，并为自己辩解："跟她开开玩笑而已，况且衣服不是恢复白色了吗？是她没幽默感又爱哭，怎能怪我！"

老师脸色一沉，出言斥责："开玩笑也要顾及别人的感受，把人逗笑才叫幽默，惹恼别人就是不知分寸的恶作剧！再说魔术墨水的成分是化学药剂，即使颜色消失无踪，成分仍残留在衣服上。你要展现它的效果理应泼在纸上，泼到衣服上极有可能渗进皮肤，这样的做法实在荒谬！快向丽拉道歉！"

因为班主任是自然老师，所以熟知魔术墨水的把戏。自知理亏的大显向丽拉深深一鞠躬，说声："对不起。"

看到大显被老师骂一顿，丽拉的气也差不多消了，便向他点点头，接受他的道歉。

魔术药水

老师拍拍丽拉的肩膀，接着拿出几张钞票，说："别生气了，待会儿买套体育服换上，这件衣服带回家洗干净再穿。"

丽拉接过钱，低声说："谢谢老师，这些钱我明天再还给您。"

"没关系。"老师说完，随即大声宣布，"从今天起，罚林大显打扫厕所两周，希望你吸取教训，别再对同学搞恶作剧！"

许多平日被大显整得哭笑不得的同学听到他被处罚，都拍手叫好；大显脸上则一阵青，一阵白，懊恼不已。

☀   ☀   ☀

吃晚餐时，明安将今天学校发生的事告诉了全家人。

对化学颇有研究的爸爸说："魔术墨水的成分是百里酚酞，是一种酸碱指示剂，在 pH 值小于9.4以下呈现无色，pH 值大于10.6以上则是蓝色。百里酚酞难溶于水，因此商人将百里酚酞溶于酒精，再与碱性水溶液混合，就变成蓝色，看起来很像蓝墨水。"

明安不解地问："为什么魔术墨水泼到衣服上，颜色会慢慢消失呢？"

曾听化学老师讲解魔术墨水原理的明雪反问："你想想看，空气中的哪种成分溶于水后会变酸？"

明安自言自语："嗯，让我想一想……"他马上在脑海中翻阅一页页曾经读过的资料，"氮气吗？不对，它难溶于水。氧气吗？也不对，它也难溶于水……啊！我知道了，是二氧化碳！二氧化碳溶于水就变成碳酸，所以汽水又叫作碳酸饮料。"

爸爸赞许地点点头："嗯，不错，平常教你的化学知识，你都懂得灵活运用嘛。"

明安心里却暗笑："这哪里是你教的？我可是从学校图书馆的理化丛书中，自己摸索出来的哦！"

悟出其中玄机的明安继续说："这么说来，魔术墨水泼到衣服上后会吸收空气中的二氧化碳，逐渐变成酸性，颜色也就消失了。"

魔术药水

爸爸接着说明："百里酚酞没有很强的毒性，不过化学药剂残留在衣服上，双手不免会碰触到；若未洗手就吃东西，有损健康，所以你们老师才要丽拉换下衣服。"

明雪又补充道："爸爸刚才说过，百里酚酞难溶于水，你教丽拉在沾到墨水处喷点酒精，搓揉后用水冲洗，这样才洗得干净。"

明安点点头，一溜烟儿下了餐桌，马上打电话给丽拉。两人叽叽喳喳讲了好久，结束通话后明安才走回餐桌。

"只不过教她洗件衣服而已，怎么讲那么久？"明雪忍不住揶揄弟弟。

明安不理会她的嘲弄，转向爸妈，神气地说道："欧爸爸开的大酒店发生盗窃案，丽拉请求她爸爸，要我和姐姐协助破案。欧爸爸会派车来接哦！"

妈妈忍不住笑了出来："他真的把你们当小侦探啦？"

明安为自己说话："我们本来就是小侦探，别忘了上次在南投埔里被绑架时，是我救了大家，欧爸爸还一直称赞我呢！"

看两姐弟一副兴致高昂的模样，爸爸只得无奈点头："既然欧爸爸都派车来接了，你们就去吧！不过别太晚回来，明天还要上课呢！"

　　为了让爸妈安心，明安详细说明："欧爸爸是担心内部员工监守自盗，对酒店信誉不好，所以请我们先判断情况；若内部员工没有涉案嫌疑，他就会正式报警，后续调查工作就交给警方了，所以应该不会拖太久的！"

　　不久，门铃响了，酒店的车已在楼下等待。姐弟俩兴高采烈地出门，因为参与侦探工作，已成为他们的课余爱好了。

☀　　　☀　　　☀

　　酒店离明安家没多远，他们很快就到了。欧爸爸和丽拉正在办公室等候，一见到他们，欧爸爸立刻请员工端上饮料。

　　待员工离开后，欧爸爸低声解释："事情是这样的。这家酒店因为位处新开发的工业区附近，很多客人都是

魔术药水

从别的地方来洽谈生意的；他们抵达后先将行李放进房间，接着出外工作，通常要吃完晚餐才回酒店休息。没想到今晚许多客人回房后，发现贵重东西不翼而飞，显然是有窃贼入侵；但电梯装有防盗系统，除了员工之外，没有住宿卡的人根本不可能搭乘电梯，当然也无法进入住宿区。"

"所以，窃贼可能假借投宿名义取得住宿卡，再进入住宿区行窃？"明雪仔细推敲。

"嗯，我们一开始也认为是这样的，但清查投宿旅客名单后，发现一件奇怪的事情。"

明安赶紧追问："什么奇怪的事？"

"投宿旅客依规定要登记资料，可是我们清查旅客登记簿时，发现906号房的客人没有留下资料，前台人员却发有住宿卡；更奇怪的是，那个房间里没有任何旅客或行李的踪影。"

明雪点点头："您担心员工监守自盗，发出住宿卡给窃贼？"

欧爸爸叹了口气："唉，我最担心这样。这种事一传出去，谁还敢来投宿？"

"今天下午值班的员工有何说法？"明雪问。

"嗯……郭小姐认真负责，我实在不相信她会勾结外人，但对于旅客未登记数据就发出住宿卡这件事，她又无法交代清楚。就算她没有监守自盗，也算是玩忽职守，按公司规定要记过开除。她现在就在办公室外等候，如果不能洗刷她的嫌疑，我只好按规定处理。"看得出来，欧爸爸相当无奈。

明雪突然觉得心理负担好重："那就请她进来吧！"

郭小姐年近四十岁，脸上有些雀斑，给人正直、端庄的感觉。她一进办公室就苦苦哀求："董事长，现在经济状况那么差，我先生已经放了好几个月无薪假。请您不要开除我！我有一个上小学的儿子，如果丢了工作，一家三口的生活怎么办呢？"

"我知道你平时表现良好，但这次客人没登记就发出住宿卡，害酒店遭遇小偷……你要怎么解释？"虽然无

魔术药水

奈，欧爸爸的语气仍然强硬。

"每位客人登记资料并核对身份证件后，我才会发出住宿卡，这是公司规定，我怎敢不遵守？至于906号房客人的资料为何凭空消失，我也不知道啊。"郭小姐焦急地说。

明安开口询问："酒店里有装监视器吗？如果有的话，调出录像画面不就知道906房客人有没有登记？"

欧爸爸摇摇头："因为我们的客源多半是外国富商，极为重视隐私权，所以酒店没装监视器。"

明雪则问："我可以看看住宿登记簿吗？"

欧爸爸指指桌上的本子："依记录显示，906号房的住宿卡于下午3点47分核发，但登记簿上显示3点22分和55分各有一位客人，其间根本没有别人登记。"

明雪和明安盯着登记簿，再度陷入苦思。

突然间，明雪似乎发现了什么异状，捧起登记簿近看研究。过了一会儿，她抬头对欧爸爸说："我推测，这个人可能确实登记了，只是笔迹消失了。"

"笔迹消失？你在开玩笑吗？才几个小时而已！况且，墨水怎么可能无故消失呢？"欧爸爸难以置信。

"其实不需要几个小时，几分钟内墨水就有可能消失，因此下一位客人才会签在他的笔迹上。"明雪接着转向丽拉，"今天在学校里发生的事情，你告诉爸爸了吗？"

"没有，我本来要说的，但爸爸忙着处理盗窃案，所以没机会讲。"

欧爸爸关心地问："今天学校发生什么特别的事了吗？"

丽拉转述大显恶作剧的经过，欧爸爸恍然大悟："你怀疑歹徒用魔术墨水登记数据，所以笔迹才会消失？"

明雪点点头。

"若真是如此，我们又能怎么证明？后面的客人在上面写了字，笔迹早已被覆盖，还能还原吗？"欧爸爸半信半疑。

明雪想了想，说："我记得化学老师曾提过，强碱能让魔术墨水现形！"

欧爸爸皱眉："酒店里应该没有危险物品，如果真有

魔术药水

需要，我派人去买。"

明安兴奋地插嘴："不用了，这里一定有强碱！爸爸之前教过我，疏通马桶或水管的清洁剂就是强碱——酒店应该也有使用吧？"明安心想，这会儿爸爸教的知识可派上用场了！

"有，有，我立刻请人拿过来。"

几分钟后，清洁工带着装在小铁罐里的强碱药剂，出现在办公室。

明雪要来一双橡胶手套及一杯水后，将少量药剂倒在旧报纸上，只见白色颗粒及银白色碎片混合在一起。

她将一颗白色颗粒丢入水中："这就是氢氧化钠，是碱性很强的碱。"

丽拉看着旧报纸上的银白碎片，好奇地问："这是什么？"

"那是铝片。"明雪取了一根泡咖啡用的塑料小勺子，来回搅拌杯中的水。

明安也很好奇："为什么氢氧化钠和铝混合在一起，

就可以疏通水管？"

"碱本来就可以溶解油脂，铝遇到强碱又会产生氢气，同时放出大量的热。这些受热气体可将堵塞物冲开，如此一来，水管就畅通啦！"明雪仔细说明。

"姐，你好聪明啊！"一向爱和姐姐斗嘴的明安，也不得不钦佩她的博学多闻。

明雪耸耸肩，说："这没什么，高中化学课本上写的。"

她向欧爸爸要来浇花用的小喷雾瓶后，倒进已混合均匀的氢氧化钠水溶液，接着请欧爸爸准备好相机。她将住宿登记簿放在地上，对着登记簿喷洒，瓶中强碱变成雾气覆盖纸面，上面浮现出蓝色字迹。

"快拍照！"明雪大喊。

闻言，欧爸爸立即用相机对着册子连拍数张照片，几分钟后，字迹又消失了。

欧爸爸将照片传到电脑，惊讶地说："真是太神奇了！"

虽然蓝色字迹与后 名旅客以黑笔登记的资料重叠，仍可勉强辨识。

魔术药水

"名字及身份证号都有了。郭小姐，若你曾确实核对证件，那警方应该可以找到这个人。"明雪笑着说道。

真相终于大白，欧爸爸对于误会郭小姐一事致歉，并请她打电话报警。

虽然还不确定这名嫌疑犯是否窃取财物，但郭小姐很高兴能保住工作，她向明雪姐弟道谢后，立刻打电话报警。

明雪也拉着明安和大家告辞："接下来就是警方的事情了，时候不早了，我们也该回家了。"

欧爸爸极力挽留："今天多亏你们帮忙，不但挽救了酒店的声誉，也让我留下一位好员工。这样吧！我吩咐酒店主厨做一顿大餐请你们吃，以表心意。"

明雪急忙推辞："不用了，我们吃完晚餐才来的，何况明天要考化学，我得回去看书了。"

欧爸爸听了猛点头："对、对，要用功读书，今天我才见识到化学知识太有用了！要不，改天等你们俩和爸爸妈妈都有空，我再邀请大家一起聚餐，好吗？"

姐弟俩心中高兴又有一顿大餐可吃，却客气地连声说道:"谢谢!谢谢!不用了!不用了!"

一阵客套后,明安忽然提了个疑问:"姐,你怎么猜到房客是用魔术墨水登记的?"

明雪得意一笑:"当然是靠敏锐的观察力啦!我发现虽然墨水消失了,但那个人写字的力道不小,因此还是留下了印痕,才想到可能是魔术墨水搞的鬼!你要成为小侦探,还得多磨炼观察力!"

明安嘟嘴"喔"了一声,欧爸爸和丽拉则大笑出声,送走这个充满紧张感的"魔术"夜晚。

魔术药水

科学小百科

　　文中提及的魔术墨水，想必会让大家想到武侠小说中常出现的"无字天书"，只要拿到火边烤一下，隐形字体就会自动现形了！

　　其实，有种非常简单的隐形墨水实验，大家可以试着动手做：将柠檬汁加几滴水调匀，并在白纸上写字；等干了之后，将纸拿到灯泡附近烤一烤，字迹自然浮现出来！

　　这是因为柠檬汁或其他果汁里含有碳水化合物，溶解于水后几乎无色；一旦经过加热，碳水化合物会分解，留下黑色的碳，字迹就浮现出来了！很奇妙吧！

寻藻

　　明安对棒球越来越狂热，除了球星的比赛非看不可外，也和同学一起组成少年棒球队。虽然没有教练指导，一切都靠自己摸索，小球员们仍然玩得非常开心。

　　一天下午，一名中年男子站在场边看球之后，一切都改变了！少年棒球队不但获得了全新的设备，还加入一位名气不小的教练——陈铭。

　　据说，陈铭曾是职业棒球史上最有名的球员，退休后投资了一些企业，凭着他的超高人气，各项投资都很成功。陈铭眼看财富日渐增多，心里想着何不为自己最喜爱的棒球作些贡献、回馈社会？正好，那天散步到公园，看

到明安与同学在打棒球，他觉得这群孩子颇有天分，可惜缺人指点，于是捐钱帮少年棒球队添购全新的球具，而且答应担任教练，在百忙之中抽空指导小球员练球。球员们受此鼓励，更加勤奋练习。

教练眼看他们的球技日益成熟，决定带着全体队员到别的县市参加比赛。"我是花莲寿丰乡长大的，那里的小朋友最会打棒球了，我打职业棒球成名后，也捐了不少钱赞助母校的棒球队。我想利用下周的假期带你们到花莲进行友谊赛，好不好？"陈铭说出他的计划。

小朋友们一听，到花莲既能玩耍又可以和当地小朋友打球，岂有不赞成的？大伙回家取得父母同意后，就摩拳擦掌准备这场友谊赛。

❋　　　❋　　　❋

假期第一天，教练租了辆游览车，带着他们远赴花莲。由于明安身为队长，爸爸自然义不容辞地随队照顾小球员。

抵达花莲时已下午两点了，教练要求司机先开车到鲤鱼潭："到了花莲，怎能不欣赏当地的美景呢？"他要大家下车活动筋骨。

鲤鱼潭面积大，久居都市的孩子一下游览车，远远看到波光粼粼的潭面就不禁赞叹。可是，走近一看，却发现水面浮着红色物质，还能闻到阵阵臭味。球员失望地说："怎么会这样呢？"

教练说："我小时候最喜欢到鲤鱼潭玩，可惜近几年从报道中得知，由于优养化的关系，此处水质有恶化现象，只是没想到这么严重！"

球员们不解地问："什么是优养化啊？"

明安的爸爸身为中学老师，怎会错过进行环保教育的机会？他说："你们看四周有多少商店？湖面上有多少汽艇、脚踏船？人类排入湖中的废水里，包含油污、清洁剂、食物残渣、排泄物等。虽然这些对人而言是废物，但对湖中藻类却是营养来源。你们看湖里之看红光，就是藻类大量繁殖的结果。藻类一多，水中会出现许多植物遗

寻藻

骸，接着细菌就需要耗用溶于水中的氧气来进行分解，因此溶氧量大幅降低，导致鱼窒息而死；一旦水中厌氧菌增生，便会发出臭味。"

球员们异口同声地说："我们不要再污染它了！"

教练赞许地点点头："嗯！我们沿着潭边散散步，一会儿就上车回宾馆休息。"

☀ ☀ ☀

晚餐后，教练召集所有队员在他房间开会。

"明天他们一定会派出当家投手先发，我看过他的球路，下坠球很犀利，我们不要硬碰硬……"教练正在指导作战策略时，手机突然响了，他向大家道歉后，走到房间外面打电话。

过了一会儿，教练满面怒容地走进来，对明安说："队长，临时有紧急事情发生，我必须赶回台北，会议由你主持。大家把比赛场次安排好就去睡觉，明天好好打球，我会搭早上第一班飞机赶回来帮大家加油。"接着他又低声向明安的爸爸交代了几句，就匆匆离开。

可是，一直到隔天中午球赛结束，教练都没有出现。明安和队友们一心挂念着教练的行踪，根本无法安心打球，终场以5:7两分之差落败。

明安的爸爸招呼垂头丧气的小球员上游览车，等大家坐定后，他严肃地宣布："刚刚比赛时，我得知一则不幸的消息。教练的家人说，清晨五点，一群早起运动的老人发现教练倒卧在河边，已经死亡。"

小球员们一片愕然，接着伤心得泣不成声。明安的爸爸只能尽量安抚，并吩咐司机直接开车回台北。

抵达台北时，小球员们要求去事发现场祭拜教练。

明安的爸爸说："目前警方正在调查教练的死因，遗体已送交法医解剖了。"

小球员们说："我们想到河边悼念。教练对大家这么好，如果不向他致意，我们是不会安心的。"

明安的爸爸拗不过他们，只好要求司机把车开到河边。

寻藻

❋　　❋　　❋

　　由于今天是假日，明雪昨天睡得较晚。起床后从收音机听到教练出意外的新闻，她立刻赶到警方的实验室，要求与鉴识专家张倩见面，想问问是否确知教练的死因。她知道明安非常崇拜教练，这件事若不早日调查清楚，他会寝食难安。

　　张倩告诉明雪说："根据法医解剖记录，陈铭的肺部有大量积水，显示他是生前溺水而死的。"

　　明雪问："那是意外落水致死的吗？"

　　"不，由于他额头处有一明显伤痕，显然是遭重击后落水而死的。"

　　明雪又问："在他被发现的河边发生过殴打吗？"

　　"不是，我们取肺部的水和河水一起化验，发现两者成分不同。陈铭肺部的水所含磷酸盐浓度，比一般河川高很多，可见他是在别处遭重击落水溺毙后，再被移到河边弃尸。"张倩详细说明。

明雪追问道："为什么磷酸盐浓度这么高呢？"

"不知道。可能是水鸟聚集的湖泊，因为鸟粪里含有大量的磷；也可能是工厂排放的废水或磷矿附近的水池，都有可能。"

明雪叹了口气："这个范围还是太大了！"

这时李雄匆忙走进来看解剖报告，张倩顺便问他调查有何进展。

李雄说："根据查到的电话记录，陈铭昨晚在宾馆接的电话是由公共电话打出来的，所以无法追查到通话的是何人。但他太太说，他在凌晨三点曾回家，四点又离开，这点有大楼监控为证，相当可靠。"张倩感到疑惑："深夜还匆匆进出，他太太没有问他原因吗？"

"他只说要改正一项错误投资，因为夜深了，陈太太怕吵醒儿子，也没多问。我们查了他投资的情形，光是工厂就多达十几家。听说他为人大方，只要朋友需钱投资，他几乎来者不拒，所以光是调查人际关系和金钱往来，就要耗掉很长的时间。"李雄详细说明。

寻藻

明雪在旁边听到两人对话，觉得有点头绪，但又不十分清楚，就径自走出实验室，想到外面静静思考。

她一面踱着步，一面喃喃自语："如果他四点才离家，五点就在河边被发现死亡，那谋杀现场应该不会离这两个地点太远。"想到这里，她赶紧打电话给明安。

"明安，你们想不想帮忙抓凶手，替教练报仇？"她问道。

明安和队友到河边时，遇到家属正在河边悼念，大家看了更伤心，哭成一团。此时明雪提出这个问题，他自然坚定地说："当然愿意！我现在正在发现教练的河边。姐，快告诉我怎么抓凶手！"小球员们一听要抓凶手，全都围了过来。

明雪大喊："你刚好在河边？太好了！你把球员分成两批，一批留在河边，一批到教练家。两批人分别由河边及教练家出发，每个人向不同的方向，散开搜查。"

明安焦急地问："搜查什么？""任何水池、湖泊甚至大水沟，只要发现能让人躺下去的有水的地方，都立刻回报给我。"她明确地说。

"姐，这样目标会不会太多？"明安皱眉。

"你别管，把我的手机号码给他们，只要看到符合的地方就汇报。"

明安把她的话转告大家，虽不懂她的用意，但只要能破案，大家都乐意去做。

很快，明雪的手机就开始响个不停。汇报的地方五花八门，明雪要求他们形容这地方及附近的景象，但都发现不符合自己的推测。

约半小时后，明安的电话打来了："姐，我找到一个小池塘。"

"快，描述一下。"她又燃起希望。

"池水不深，但很混浊，池塘前面是家小工厂，招牌上写着'庭观洗衣粉'。"

明雪突然振奋起来："你用手到池水里捞一下。"

明安依照她的话，蹲下捧水起来看："有红色的藻类，很像我们在鲤鱼潭看到的那种！"

寻藻

"明安，快离开，你已经找到命案第一现场了，其他的交给警方吧！你通知所有球员快点回家，很快就会有破案的好消息了！"说完后，明雪急忙回到警局，所幸李雄尚未离开。

"李叔叔，陈铭投资的公司中，有一家'庭观洗衣粉'吗？"明雪抛出疑问。

"有，我翻阅资料时曾看到，工厂负责人是游蔚，但资金是向陈铭借的。"

"麻烦你赶快派人搜索那家工厂，因为命案第一现场就在工厂前的池塘。"

李雄闻言，立刻带队搜查，张倩也随同前去。她先用空瓶盛装工厂前池塘里的水，准备带回化验。捞水时，她发现池边有块沾了血的石块，也一起带回化验。

李雄在与游蔚谈话当中，发现他的手、脚、脸上有多处挫伤，就以涉嫌杀人为由将他带回审讯。起初，游蔚矢口否认杀人："陈铭是借钱给我创业的贵人，我怎么会杀他？"

不久后，化验结果出来了。警方发现工厂前的池水与陈铭肺中的水含有相同浓度的磷酸盐，石块上的血迹也是陈铭的，游蔚只好俯首认罪。

他供称，本来陈铭借钱给他盖了两层的楼房，楼下开设洗衣粉工厂，二楼居住。当洗衣粉要上市的前夕，没想到政府鉴于含磷的洗衣粉会污染环境，因此修改法令，禁止贩卖。游蔚不想配合法令更改，一方面仍偷偷制造不符合法令要求的含磷洗衣粉，以较低的价格卖给少数无知又贪小便宜的消费者；另一方面则利用工厂作掩护，偷偷制造毒品谋利。

陈铭昨晚不知从哪里得知工厂有不法行为，怒气冲冲地跑到游家理论。他不满自己的钱被拿去从事非法勾当，手持当年借据，坚持要游蔚立刻还钱，还说要向警方检举，两人因而发生扭打。游蔚打不过陈铭，就从地上捡起石块把他敲晕，并推入池塘溺水而死。案发后，游蔚因害怕杀人及工厂制造毒品的事会曝光，便把他运到河边丢弃。

寻藻

当游蔚招供完时，工厂一名职员也主动到派出所说明。原来，陈铭在宾馆接到的电话就是他打的。因为他是陈铭的朋友，便由陈铭介绍到工厂做事。当他发现工厂的不法行为后，怕好友无端卷入风波，才提醒陈铭。陈铭连夜赶回台北与他接触后，即迅速回家取借据，前往游家讨回借款。事后他听说陈铭死亡的消息，心里有数，知道是游蔚杀的，但因害怕自己的安全，不敢挺身而出，直到确定游蔚被捕，才现身出面说明。

明安与队友们对于能协助警方侦破教练命案，感到莫大欣慰。但明安还是不太了解，姐姐凭什么判断那个池塘是第一现场？

"张阿姨的化验显示，教练肺部的水所含磷酸盐的浓度偏高。我想到磷酸盐是优养化的元凶，所以要求你们搜索附近的水域。你找到的池塘有许多藻类，就是优养化的结果，加上附近开设洗衣粉工厂，更让我怀疑他们违法生产含磷的洗衣粉。"明雪娓娓道出推测。

"为什么传统洗衣粉要加磷酸盐呢？"明安仍有不解

之处。

　　"因为磷酸盐很容易和金属离子产生沉淀，所以早期的洗衣粉中都添加，让水中的钙、镁等离子沉淀，阻止污垢聚积。但这样会造成水污染，所以政府才禁用。为了保护环境，我们不但要拒绝买含磷的洗衣粉，若发现有人制造这种不合格的洗衣粉，一定要勇于检举哦！"明雪看着弟弟猛点头，不禁露出了满意的笑容。

寻藻

科学小百科

　　根据研究，优养化会让有毒藻类出现、破坏水域生态环境，如果集水区发生优养化，会增加净水成本，提高自来水中的三卤化甲烷浓度。台湾的水库普遍有优养化现象，在21条主要河川中，有数条都遭严重污染。在现今重视环保的浪潮下，有待大家继续关心及努力！

网中蜘蛛

　　最后一堂是物理课，老师正在讲解光学中的折射现象。

　　离下课还有五分钟，平日上课颇专心的奇铮却已偷偷收拾书包，这不寻常的举动引起了明雪的好奇。偏偏老师坚持要把折射讲完才下课，奇铮显得坐立不安，不停皱眉看表。

　　终于，老师放下粉笔，说了声："下课！"奇铮抓起书包就往外冲，明雪拦下他："你今天怎么了？到底在急什么？"

　　奇铮拨开明雪的手，直嚷着："我跟人家约好今天碰

面，快来不及啦！"说完，就一溜烟跑了。

明雪目瞪口呆，回头问惠宁："奇铮今天表现很反常，你知道他是怎么回事吗？"

惠宁叹口气道："唉，你有所不知，奇铮私底下其实是个宅男，除了看书，整天就迷网络游戏，班上的活动他几乎都不参加。由于不断'练功'，听说他的游戏水平很高，他甚至曾经跟我说，将来计划靠打电子游戏维生。"

"是吗！"明雪点点头，大叹这世界真是什么样的人都有。

"现在的在线游戏不是都有游戏币和宝物吗？如果玩家虚拟资产雄厚，拥有很多游戏币和宝物，就可以卖给其他人，赚取生活费。"惠宁详细说明。

明雪皱起眉头："我以前就觉得很不可思议，真的有人肯花钱去买虚拟的游戏币和宝物吗？"

"当然有啦！对玩家而言，宝物非常珍贵，当然舍得用钱买……不跟你说了，像你这种不玩在线游戏的人，根本无法体会。"惠宁撇撇嘴。

"我又不是故作清高不想玩，只是一看到光影变化快速的屏幕，头就晕了！"出言辩驳的明雪虽然备感委屈，仍忍不住追问，"你还没告诉我，奇铮今天为什么急着走呢！"

"他最近在网络上认识一个朋友，表明愿意出高价买宝物，他们约定今天碰面，所以他很兴奋。"因为要补习，惠宁说完后就先行离开了。

明雪看着空荡荡的教室，不禁思考：就算不玩在线游戏，也得略微了解相关知识；否则不但和同学们有距离，就算自己将来如愿以偿，当上警察，一定也会碰到与在线游戏相关的法律案件。

☀   ☀   ☀

晚上7点，明雪刚吃完晚饭，想起奇铮和网友约定碰面的事，愈来愈不安。报纸不是经常刊载青少年被网友欺骗的新闻吗？于是她拨打奇铮的手机，想提醒他小心一点，不过电话没打通。

网中蜘蛛

虽然忧心忡忡，但明雪也只能边看电视新闻打发时间，边耐心等待奇铮回电。

不久，她的手机果真响了，却是李雄打来的："明雪，你们班上是不是有位同学叫赖奇铮？"

"是啊，怎么啦？"明雪很惊讶李叔叔为什么认识奇铮。"刚才辖区里的KTV报案，一名客人在包厢昏倒，额头还有伤口，疑似遭人殴打。我调查过他的身份，发现他是你们学校的学生；我还查看了他的手机，最后一个未接来电竟是你打的，所以想向你查证。"

明雪急忙询问："他的伤势要紧吗？"

"救护车已经把他送到医院，现在仍处于昏迷状态。"李雄告知。

"既然奇铮送往医院，一切就只能交给医生；目前自己可以帮忙的，就是加入调查行列，早日把伤害奇铮的人绳之以法！"思考至此，明雪立刻对李雄说，"李叔叔，我可以协助调查吗？"

听闻明雪自愿帮忙，李雄当然举双手赞成。

向爸妈说明情况后，明雪迅速赶往李雄所说的KTV。李雄正巧在柜台找服务人员问话，就带着明雪进入出事的包厢。

张倩正忙着搜证，一看到明雪便叹了口气："KTV是公共场所，每隔几小时就会换一批人进来，现场的指纹根本采集不完！"

李雄则说明办案进展："我刚刚要求店家播放监视录像，比奇铮晚几分钟进入包厢的年轻男子，进出时都戴着帽子，而且帽檐压得很低，无法辨识面貌，只知道他又高又胖。因为他戴着手套，可能采集不到指纹。"

张倩分析："这显然是预谋犯罪。一般而言，在公共场合发生的刑事案件，大多是临时引发的暴力冲突。"

明雪分享自己掌握的信息："我听同学说，奇铮今天和网友见面，要卖掉他的游戏宝物。"

李雄击掌大喊："哇，这个情报太重要了！那我就请局里的网络警察追查对方IP（每部计算机在网络上的位置），再请ISP业者（因特网服务提供商）提供资料，就

网中蜘蛛

可以知道对方的身份了！"

明雪仔细打量包厢里的摆设，除了电视、麦克风、小茶几之外，旁边还有洗手间。她注意到奇铮的眼镜掉落地面，镜片已经破碎。

奇铮是个大近视，镜片很厚，一圈又一圈，活像金鱼缸；明雪常劝他看书看久了要休息，否则度数还会再加深，但奇铮总耸耸肩，不以为意，原来他是沉迷在电子游戏中。

蓦地，明雪发现地板上有几个巨大的鞋印。如果照李雄所讲，嫌犯又高又胖，那么这些脚印可能就是嫌犯留下来的。

"那是13号（男鞋相当于47.5码）球鞋，我已经把鞋印拓印下来，可以循线索找出制造厂商。这么大的鞋子在身材较矮小的东方人里非常少见，是一条有力线索。"见明雪注意到鞋印，张倩说出想法。

李雄点头附和："嗯，没错。可能其中有人不小心打翻饮料，踩到后便留下鞋印；从监视录像中也可看到嫌犯穿黑色球鞋。"

明雪觉得自己帮不上什么忙，就向李雄询问奇铮被送到哪家医院，她想去探望。

李雄笑道："我用警车带你去吧！这里的调查工作已告一段落，我想到医院看看被害者清醒了没有。如果醒了，我有很多问题准备问他呢！"

明雪便搭李雄的车前往医院。

幸好奇铮的伤势不重，经过紧急救治后已清醒。医生表明虽然只有外伤，没伤及脑部，但患者目前很虚弱，希望警方问话时间不要过久。

奇铮有点喘，断断续续地说出事发经过。

他上星期在聊天室认识了那位网友，对方的网络昵称叫"木瓜"，因为两人对同一款游戏很着迷，所以聊得非常开心。

木瓜说自己虽喜欢这个游戏，但技术不好，一直无法取得宝物，所以想找人购买；奇铮高兴地表示，自己有很多宝物，可以卖给他，双方便相约今天在 KTV 碰面。只要木瓜交出现金，奇铮就会把宝物转到他的账号上。

网中蜘蛛

奇铮比木瓜早抵达 KTV 包厢。几分钟后，木瓜也到了。两人没聊几句，木瓜就不慎打翻饮料。

交谈终于进入正题，木瓜突然说自己没带现金；奇铮还来不及反应，对方已连挥重拳殴打他，逼他说出账号和密码后，再将他击昏……

李雄问道："你看清楚他的面貌了吗？"

"没有。他走进来时帽子压得很低，加上室内光线又很昏暗……"

李雄沉吟了一会儿："……好吧！将你的游戏账号、登入游戏的服务器名称、使用人物角色的 ID 名称都告诉我，我请警局里的网络警察立刻追查这些宝物转到了谁的账号上。"

奇铮依实说出之后，李雄立刻用手机联络警局里的计算机高手追查。

明雪看看时间已经不早，安慰奇铮好好养伤后就回家休息。

☀　　☀　　☀

第二天，同学们听闻奇铮被打伤住院的消息都十分震惊，老师也以此为教训，再次叮咛同学，网络交友一定要谨慎。

放学后，大家相约到医院探视奇铮，明雪则迫不及待地跑到警局询问案情进展。

李雄说："我们已从鞋印查出厂牌。买大尺寸球鞋的客户固然不多，但有些人用现金交易，不易追查。此外，负责侦查网络犯罪的同事已找到木瓜的 IP，可惜他是在不同的网吧上网，所以无法追查到他的行踪。昨晚案发后，那批宝物很快就被转走了，但不是转到木瓜的账号；我们已追查到一名不知情的高中生，称木瓜前几天在网络上向他兜售宝物，并约定在昨晚交货。"

明雪不解："前几天就向他兜售？"

"可见木瓜早就预谋抢夺宝物后立即转手卖人。我怀疑他是惯犯，已委托网络警察严密监视这个账号有没有再

网中蜘蛛

出现；但到目前为止，他都没有上线。"李雄说出自己的推断。

这时，一名年轻警员向李雄报告："队长，木瓜这个账号虽然没有再上线，但有一名昵称为莲雾的网友，在网络上分别向不同对象要求购买及兜售游戏宝物。"

"太不寻常了！会表明购买意愿表示此人缺少宝物，兜售则因为他的宝物太多；但这个人又买又卖，十分奇怪，手法和木瓜很像。"李雄急忙追问，"你查出他的 IP 了吗？"

"查过了，不过他人在一家网吧。"

"人还在线上吗？"李雄边问边往计算机移动。

"是。那家网吧的位置在……"

李雄边听属下报告，边用无线电呼叫在街上巡逻的警员，要对方到那家网吧检查，看看有没有一名高而胖的男子；如果有，就上前盘查他的身份。

几分钟后，警员用无线电回报："现场有三名高而胖的男子，经盘查后，他们的身份证号分别是……"

局里的警察立刻将身份证号输进电脑，调出三名男子的数据："其他两人没有犯罪记录，唯独这个钱炳盛前科累累，有多次暴力犯罪的记录。"

李雄立刻下令，要求巡逻警员带回钱炳盛。

不久，警车载回一名高而胖的男子，明雪注意到他穿了一双大尺寸的黑色球鞋。

男子一进警局就大声咆哮，表示警方没有任何证据就把他带来警局，一定要告到底！

李雄出言安抚："先生，你先别激动。我们没有逮捕你，只是想问你几个问题；如果没有问题，你就可以离开了。"

男子顿时语塞，只能气呼呼地坐下："有什么话快问，我还有事要忙！"

这时，明雪站到李雄身旁，悄悄对他说："李叔叔，他脚上的球鞋好像是案发时的那一双。可以请张阿姨检查他的鞋印，是否和现场拓印下来的相符；而且案发现场满地都是奇铮眼镜的碎玻璃，说不定他曾踩到……如果有，现在应该还留在鞋底！"

李雄点点头，立刻请钱炳盛脱下球鞋，再交由警员送

网中蜘蛛

到张倩的实验室。

李雄又问了钱炳盛案发时的行踪，他表示当时一个人在家睡觉。

李雄问东问西，故意拖延时间。过了好一会儿，张倩亲自送来检验报告，她坚定地对李雄说："鞋印完全符合，而且在鞋底找到的玻璃碎片，也和赖奇铮的眼镜镜片完全相符！"

面对铁证，钱炳盛只好俯首认罪。他承认在网络上同时寻找买家与卖家，与卖家碰面后，以暴力取得密码，再迅速转到买家账号，以获取金钱；只要得手，他便立刻改变账号及昵称，重新找寻买卖双方。

李雄以诈骗及施暴等罪名，羁押了钱炳盛。

他摸摸明雪的头，赞许地说："不错哦！你能立即想到他的鞋底可能卡着玻璃碎片，最后成为破案的关键证据。"

张倩在一旁补充："在刑事案件上，玻璃是非常有用的证物，例如入室偷盗、抢劫、车祸逃逸、凶杀等案件，都可能打破玻璃。玻璃碎片四处飞散，距离可达3米之远，所以罪犯和被害者身上也可能沾到。卡在衣服或头发上的玻璃碎片，大小为0.25~1毫米，脱落速度则视衣服材质而定，例如在毛衣上停留的时间就比皮夹克久。"

李雄接着补充："没错，如果玻璃碎片掉进口袋，或卡在鞋缝、刺入鞋底，都会停留较长时间。根据统计，高达60％的刑事案件有玻璃证物，其中有40％的玻璃证据起到关键作用。"

明雪腼腆地说："其实是昨天物理课时，老师刚好讲到折射，提到测量物质的折射率是极为准确的分析法。所以我就想，说不定阿姨可以借此检验鞋底的玻璃碎片。"

张倩笑着说："我不只检验奇铮的镜片与钱炳盛鞋底的玻璃碎片折射率是否相同，还分析了鞋底玻璃的元素。我发现刺在鞋底的玻璃含铅，适合作为近视镜片。因为奇铮没办法指认罪犯，鞋印及玻璃成为仅有的证据，所以我格外谨慎，还测量了两批玻璃碎片的密度。有了这些证据，我才敢确定钱炳盛鞋底的玻璃碎片来自奇铮的

网中蜘蛛

眼镜！"

　　明雪离开警局前，李雄特别交代："明雪，帮叔叔转告你的同学，网络固然可以增广见闻，但也有许多居心叵测的坏人，就像心肠歹毒的毒蜘蛛，等着你们自投罗网。自己要多加小心！"明雪点点头，向张倩及李雄道别后，轻松踏上归途。

科学小百科

不同用途的玻璃内含不同的成分，例如普通平板玻璃及灯泡含钠，厨房和化学实验室用的耐热玻璃含硼，某些锅具的玻璃含铝，光学玻璃及水晶玻璃含铅，过滤紫外线的玻璃含锡，玻璃纤维含硼和铝，玻璃瓶的镁含量较低、钠含量较高。

正因为成分略有差异，所以检验玻璃碎屑时，会将溴甲烷、四溴乙烷及聚钨酸钠等数种液体，依不同比例混合，调配出由上至下密度渐增的液体（2.465~2.540g/ml），接着放入待测的玻璃碎屑。如果两块玻璃碎屑停留在同一层，即表示它们的密度相等，依此作出判断。

网中蜘蛛

水到渠成

上星期六，黄璇邀同学到她家庆祝生日，丽拉、明安都收到了邀请。

黄璇家在一栋公寓的五楼，据说四楼住了一位很讨人厌的邻居。大约半月前，黄璇邀同学到她家做作业时就曾抱怨过，那位女房客才承租四楼不到两个月，却跟公寓里的每户人家都吵过架，甚至常和过路行人对骂！

"过路行人？毫不相干的陌生人有什么理由对骂的？"明安不解地问。

黄璇不屑地说："她呀，每天都在固定时间打开阳台洒水器浇花。但她的花架延伸至人行道上方，只要

一浇水，就会稀里哗啦地滴到楼下，要是有路人恰好走过，就会被淋得浑身湿漉漉的，脾气不好的人自然就开始骂啦！"

丽拉耸耸肩："淋湿别人当然要道歉啊！何况阳台滴水会被举报，甚至还得罚款，这有什么好吵的？"

"那你就太不了解她了！做出这么理亏的事情，她竟然比对方还凶，常常在四楼对着行人破口大骂！"提起邻居的恶行，黄璇只能摇头叹息。

明安惊呼："哪有这么不讲理的人？"

黄璇继续抱怨："还有更不讲理的呢！她每天出门或回家，一定会用力甩铁门，吵得整栋公寓的邻居都受不了，好言相劝她也不听。反而常常跑到楼上来，骂我们走路太用力，让天花板一直震动，害她睡不着。所以我妈交代，这次你们到我家开生日派对，一定要压低嗓门、放轻手脚，免得她跑上来骂人！"

明安苦笑摇头。压低嗓门、放轻手脚？那还叫什么派对啊？其他同学心中也浮起一样的疑问，但在黄璇的热情邀约下，只得点头应允参加生日派对。

☀   ☀   ☀

星期六中午，明安依照住址来到黄璇家楼下，他按了门铃，黄璇很快就打开大门。明安从对讲机中听到热闹的嬉笑声，推测应该有很多同学都抵达了。

经过四楼时，明安特别瞄了一下这家惹人非议的住户——木门紧闭，但铁门开着，显然这位女房客在家。明安心想，楼上同学的喧闹声不小，但她也没现身抗议，可能是黄璇说话太夸张了！

一进门，明安就笑着问黄璇："你不是说要压低嗓门、放轻手脚吗？我在楼下就听到大家的吵闹声了！"

黄璇苦笑："他们一开始还挺安静的，后来人越来越多，气氛逐渐热烈起来，我也制止不了啦！幸好楼下的阿姨今天心情好像不错，没上来抗议。"

明安点点头，接着就和大伙开心地唱歌、切蛋糕、吃大餐。

水到渠成

到了下午两点，突然传来一声巨响，把大家吓了一跳。黄璇顿时脸色发白："那是楼下阿姨的关门声……她该不会是要上楼骂人了吧？"

同学们都屏息以待，等着挨骂；没想到过了三分钟，却没有声响。

黄璇松了口气："我想，她大概直接出门了吧！"

看见大家都放下心中的大石头，丽拉提议："哎呀！老是这样提心吊胆的，倒不如去公园玩呢。反正大家都吃饱了，没必要留在这里。"

这个意见立刻得到大伙的同意，一群人就浩浩荡荡地出门了。因为时值夏天，女生们穿凉鞋速度快，待明安穿好球鞋后，发现自己是最后一个下楼的人。再度经过四楼时，他发现铁门已经关上，但细心的他注意到地上有张卫生纸，已被先下楼的同学踩得脏兮兮的。他弯下腰把纸捡起来，却发现卫生纸湿淋淋地黏附在地面上。

奇怪的是，卫生纸上还绑着一条细棉线，他好奇地拉了一下。咦？它的另一端竟绑在铁门上的横框上。再仔细查看，铁门下的横框上还有另一条细棉线，由木门下的缝隙延伸进屋里。

基于好奇，明安拿出手机，把铁门、棉线、卫生纸和木门都拍了下来："看来这位阿姨非但脾气不好，还有些怪癖。这些棉线和卫生纸不知有什么特别用意，我还是少碰为妙，免得她又生气。"

拍完照，他快步下楼赶上同学，大家嘻嘻哈哈的，明安很快就把在四楼看到的事情抛之脑后了。

☀   ☀   ☀

星期一上学时，大家免不了又谈起了前天开派对的事。

黄璇故作神秘地说："昨天警察到家里找我问话呢！"

"为什么？该不会是楼下的阿姨举报我们太吵了吧？"胆小的丽拉最怕麻烦上身，不安地猜测。

黄璇摇头："不是不是，警察问的就是她的事。"

明安皱眉："到底是什么事？"

水到渠成

"警察问我们星期六有没有看到她，而且，他们还挨家挨户地询问呢！"看着大伙好奇的眼神，黄璇终于公布谜底。

"那你怎么回答？"明安追问。

黄璇微笑以对："当然照实回答啦！我说，虽然一整天都没看到她，但在下午两点时，有听到阿姨用力甩门的声音。"

丽拉松了口气："那警察怎么说？"

"他们听完我的说法后，就表明没有问题啦！"黄璇接着叹了口气，"我真希望警察把她抓走，免得我们还要继续受气。"

历经"震撼教育"的大家都为黄璇提心吊胆的生活感到同情，但明安却不断思索：为什么警察要调查这位凶恶的阿姨呢？

此时上课铃响了，同学们只好结束谈话，回到座位。

这堂课是"自然与生活科技"，老师开口询问近来引起热烈讨论的话题："各位同学，在厕所用过的卫生纸应该丢进马桶里还是垃圾桶呢?"

同学们议论纷纷,历经一番调查,大部分的人是丢垃圾桶,只有少数例外。

老师笑着说道:"丽拉长期住在美国,也曾到很多国家旅行,请她来说说她的经验好了。"

被点名的丽拉站起身来,大方分享:"无论是美国还是其他国家,大家都把卫生纸直接丢在马桶里,厕所的垃圾桶是让女性丢生理用品的,只有中国人把卫生纸丢在垃圾桶。我刚回来时还真有点不习惯。"

老师点头附和:"没错,在其他国家,大家都把卫生纸直接丢进马桶,因为卫生纸本来就被设计成遇水即可溶解的样子。只有中国人偏要把它丢进垃圾桶,这样做不但增加垃圾量,也容易传播病菌。"

黄璇闻言,拿起一包面巾纸问:"老师,我上洗手间都习惯用面巾纸,这也可以直接丢进马桶吗?"

老师急忙摇头:"不行,卫生纸纤维较短,在水中容易溶解,所以可以直接丢进马桶,用水冲掉。但面巾纸纤

水到渠成

维较长，不会溶于水，主要是擦手、擦脸用的，也不能丢进马桶。这样你们懂了吗？"

"懂了！"经过老师的详细解释，全班同学终于恍然大悟，齐声回答。

☀   ☀   ☀

放学后，始终对警察追查凶恶阿姨事件耿耿于怀的明安，急忙跑到警局找李雄叔叔，询问案情始末。李雄本来三缄其口，不肯透露案情，但明安向他说明自己当天就在那栋公寓，说不定可以提供一些线索时，他才勉为其难地同意了。

"那名女房客叫廖惠，有盗窃前科，两个月前才刚出狱，不久就搬到这个小区。起先，我们担心她会在这里犯案，所以加强此处的巡逻，但这两个月来，小区的盗窃案并没有增加，我们还认为她可能已经改正以前的不良行为了。"

"那为什么昨天又开始调查她呢？"明安追问。

李雄接着说:"上星期六下午,台北金山乡有栋别墅发生盗窃案。小偷侵入时触动安保系统,计算机显示当时是下午两点整。安保公司派人赶到时,屋内珠宝被搜刮一空,窃贼已扬长而去,显然是个惯犯。警方根据别墅的监视画面分析,那名窃贼极可能是廖惠,因为当地派出所的所长曾逮捕过她,所以对她有印象。可是,监视录像画面模糊,他没什么把握,所以要我们详细调查她当天的行踪。"

　　明安忽然打断李雄:"但我们都听到当天下午两点的甩门声啊!"

　　李雄苦笑:"没错,这就是重点。待询问过公寓住户后,大家都作证廖惠是在当天下午两点才出门。同一个人不可能在相同时间出现在相距50千米的两个地点,所以我已回电给金山乡的派出所所长,请他排除廖惠犯案的可能性。"

　　"邻居们都是听到甩门声,还是曾看见她本人?"明安问。

水到渠成

李雄翻看笔录："都是听到甩门声。不过，大家指认那是她平常的习惯；更有一位邻居在当天下午两点，被她浇花的水淋湿——大家都知道她的脾气，那位不想惹事的居民只能自认倒霉，并未上门理论。"明安仔细回想当天的情况，接着拿出手机，端详许久。忽然，他兴奋地双手击掌："她真狡猾！要不是我细心，大家就被她骗了！"

闻言，李雄吓了一跳，赶忙问道："你有什么发现吗？"

明安把手机里的照片拿给李雄看，并解释为什么他会拍下这些照片："我当时也只是好奇，不理解她为什么这么做……现在我懂了！为什么关门是两点，浇花也是两点，甚至连盗窃案都是两点——一切都是设定好的！"

他边用手在照片上比画，边说明自己的猜测："铁门下方那条棉线绑在屋内的弹簧上，上方的棉线则延伸至阳台，绑住卫生纸的一端，另一端又用棉线固定在墙壁的铁钉上，位置正好在自动浇水器正下方。廖惠把这种容易买到的微电脑控制自动浇水器的时间，设定在下午两点启动，其实她一大早就已出门，赶到金山等候作案时机。"

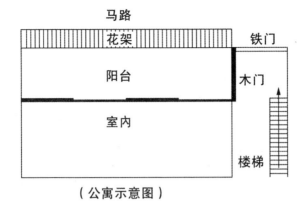

（公寓示意图）

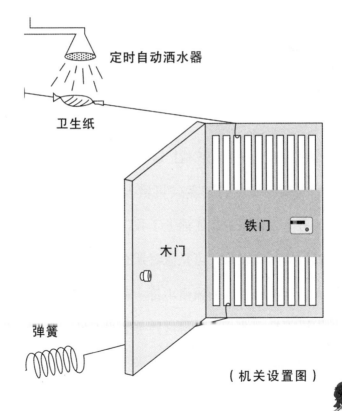

（机关设置图）

马路
花架
铁门
阳台
木门
室内
楼梯

定时自动洒水器

卫生纸

铁门

木门

弹簧

水到渠成

李雄听到这里，忍不住插嘴："等一下！她出门时不是都会大力甩门吗？邻居怎么没人听到？"

明安推测："我想她平时就故意用浇水、甩门等动作，使大家建立'那就是她的习惯'的印象。星期六那天，她应该很早就安安静静地出门了，等到下午两点，定时浇水器就弄湿卫生纸——卫生纸遇水溶解、破裂，上面的棉线自然松掉，下面的棉线受到弹簧拉力，就把铁门关上，发出巨大的声响，使邻居们以为她是那时才出门的。同一时间她于金山动手行窃，万一遭怀疑，还有邻居帮她做出不在场证明！"

李雄摇摇头："真是狡猾！这计划可说是天衣无缝啊！"

明安扬起得意的笑容："可惜人算不如天算，她没想到那天有个生日派对，还遇上了我。我上楼时看到铁门开着，就以为阿姨在家，可是派对那么吵闹，却没看到她上楼骂人，这跟她平日的风格不符。后来下楼时，我又看到湿的卫生纸和棉线，更觉得这件事情很诡异。今天在课堂上，老师说卫生纸的设计易溶于水，这让我重新思考，当天在地板上看到的潮湿卫生纸和棉线可能别有用意！”李雄高兴地说：“明安，谢谢你提供线索，我觉得这件案子有深入调查的必要。请你把手机里的照片传给我，不过，你的线索只是拆穿了她的不在场证明，还不能断定她是那个小偷，我得搜集更多证据，才能采取行动。”

知道自己帮了个大忙，明安高兴地点点头，接着就把他的照片传给了李雄。

李雄看完照片，满意地一笑，突然问明安：“我真的很好奇，为什么你忽然变得如此聪明，思辨能力这么强呢？”

只见明安得意地抬起头来：“因为啊，每次看到姐姐被大家称赞，老实说，我心里都五味杂陈，除了羡慕，还很嫉妒呢！于是，这半年来，我只好趁闲暇时间猛看侦探推理小说，课余时间也会随时请教老师相关的知识，看看可否增强功力。嘿嘿，想不到还真能派上用场啦！”

李雄拍了拍明安肩膀，笑着说：“小老弟，你可真有一套！我老字号拜下风啦！”

两人爽朗的笑声，瞬间传遍警局的每个角落。

水到渠成

✷　　✷　　✷

　　两天后，李雄打电话通知明安，警方由销赃渠道查获失窃的珠宝，购买赃物的人也指认那批货是廖惠所卖，因此她又被逮捕入狱。

　　黄璇很高兴公寓里少了一个令人头痛的人，嚷着要再办一次庆祝派对："这次，我们可以大胆地放心玩啦，再也不用担心太吵闹而被骂了！"

　　"什么？你的意思是我们上次还不够吵？"面对这群像麻雀般叽叽喳喳的女生，明安不禁摇头，大声叹息。

科学小百科

在中国，由于早期生活习惯及下水道设备较差的原因，大家多将卫生纸丢进卫生间的垃圾桶，但这样一来却增加了垃圾量，反而需要花费更多的钱来处理这些垃圾。

现在许多专家、学者开始提倡将卫生纸直接冲到马桶里，因为卫生纸纤维较短，可溶解于水。至于一般人也常使用的面巾纸，因为使用长纤维材料等特殊成分加强其张力及柔软度，遇水不易分解，所以不要把面巾纸丢入马桶，以免造成堵塞。

水到渠成

受惊的蝙蝠

因为星期一要期中考试，明雪星期天待在图书馆看书，到了午餐时刻，她打算到附近商店买盒饭吃。

人行道上迎面走来一位阿姨，手上牵着一只狗。双方越走越近，狗突然狂吠起来，吓得明雪直往后退；阿姨连忙喝止，并用力拉紧狗链，才阻止狗扑到明雪身上。

阿姨一直向明雪道歉，她的狗仍不停狂吠，明雪只好挥挥手表示没关系，继续往前走。

前方又来了一位胖小姐，牵着一只体型更大的狗，明雪心有余悸，退到一旁。胖小姐笑说："别怕，它不会乱叫，也不会咬人。"

受惊的蝙蝠

　　明雪看那只狗虽然体型大、长相也凶，但主人似乎调教有方，因此它行为规矩，乖乖坐着。明雪好奇两只狗怎么差这么多？

　　胖小姐有感而发："我刚刚看到你被吓到的那一幕了。主人应该从小训练好宠物，毕竟在都市里养总乱叫的狗，多少都会造成邻居的困扰，如果攻击人，那就更糟糕了！"

　　"那你是怎么训练它的呢？"见大狗乖乖待在一旁，明雪克服恐惧，拍拍它的头。

　　"你看！它脖子上的电子项圈会感应吠声，只要它乱叫，项圈就发出超声波——这种声波人听不到，对狗而言却非常大声，让它不舒服；久而久之，它就不乱叫了。"

　　明雪恍然大悟，她知道动物的听力比人好，能接收到人耳听不到的高频，但没想到可利用此原理训练动物。

　　和胖小姐聊了一会儿，她想起午餐还没有着落，便向对方道别。

　　卖盒饭的商店生意很好，座位坐满了，她只好外带。

她拿着盒饭信步走到附近的大水池。半片湖面长满荷花，风景优美，且池水清澈，可看到湖底优游的鱼儿；加上近几年池畔铺设自行车道，吸引骑车族到此游玩，使得这座水池成为本地观光景点，每逢假日都热闹不已。

　　因为刚才摸过大狗，明雪先到公厕洗净双手，然后穿过停车场走到池边。停车场几近客满，一道持续不断的引擎声却吸引了她的注意——那辆引擎没关的黑色轿车上显然有人，虽然车窗半开，不过玻璃上面贴膜，让她看不清车内的情形。

　　明雪觉得这种行为实在不环保，她瞄了一下车牌号码，盘算着是否提醒对方，但最后想想，还是作罢。

　　她坐在面向水池的草地上，几个小学生正兴高采烈地拿着渔网捕捞小鱼，却被一名路过的中年男子训斥不该"危害公物"，听在明雪耳里，觉得他说得虽义正词严，却也十分逗趣。她打开盒饭，才吃了几口，不远处的树林突然飞出一群蝙蝠，吓得小学生惊声尖叫。

　　明雪也吓了一跳，这时，不知何处窜出一只大黑狗，

受惊的蝙蝠

冲向一位骑自行车经过的白发老翁，连人带车撞倒在地，并持续发动攻击。

若不赶快阻止黑狗，老先生就有危险！明雪急忙捡起地上的树枝，朝黑狗猛打，一旁的游客也纷纷赶来支援，黑狗终于落荒而逃。

众人扶起伤痕累累的老先生，急忙打电话叫救护车。一阵手忙脚乱，直到救护车远离，明雪已失去食欲，只好收拾午餐，回到图书馆继续看书。

途经停车场时，明雪发现引擎未熄的黑色轿车已开走了，她耸耸肩，丝毫不以为意。

☀ ☀ ☀

第二天期中考试，生物考卷发了下来。其中一道题是这样的："蝙蝠是夜行性动物，在黑暗中飞行要如何辨识周围的地形与猎物？"

明雪笑了笑，昨天中午回到图书馆后，她特地温习了蝙蝠的习性，这次考试果然考出来了，哈哈，算是她见义勇为，赶跑黑狗、救了老先生，因此好心有好报吧！她自信地写下答案："蝙蝠利用超声波定位，可以辨识地形并找到食物。"

考完试后，明雪在走廊遇到生物老师，就把在大水池边看见蝙蝠飞舞的事告诉老师。

老师附和道："我曾指导学生在大水池附近做过生态调查，那里有大蹄鼻蝠，是台湾本地特有品种，就住在池畔树洞，黄昏时可看到它们出来觅食。"

"黄昏？但我是昨天中午看到蝙蝠飞舞呀！"

老师摇摇头："不可能！蝙蝠是夜行性动物，白天不会出来……除非，它们受到惊扰。"

"惊扰？"明雪陷入思考，她觉得昨天并无特别事件会惊扰到蝙蝠，虽有小学生在嬉闹，但池畔每到假日都是这样，并没有特别不同啊！

✹　　　✹　　　✹

星期二中午考完最后一科，明雪代替仍要上班的爸

受惊的蝙蝠

妈，到医院探视受伤的亲戚。前往医院的路上，经过一家宠物用品店时，明雪一时兴起，就进店里逛逛。

探病结束，她想起前天救护人员曾询问被狗攻击的老先生姓名，又问到老先生正好被送到这家医院的急诊室。由于挂念老先生的伤势，明雪准备顺道探视，没想到护士小姐说他仍在急诊室抢救。

心情沉重的明雪在医院门口遇到私家侦探魏柏，两人争相惊讶地喊道："你怎么在这儿？"

明雪率先回答："我来探望一位前天被狗咬伤的老先生。"

魏柏睁大双眼："你说的是蔡辅老先生吗？"

"对啊！怎么？他投了巨额保险吗？"明雪知道魏柏专门调查理赔案件，所以如此推测。

"嗯，蔡辅是位老农夫，祖先留下大片农地，所以很有钱，投保巨额保险本属正常。他膝下无子，领养一名男孩，取名蔡子玮。蔡辅的老伴前几年过世，蔡辅虽已七十多岁，但身体硬朗，每天仍到农地巡视；前天就是在回家途中，经过大水池遭到黑狗攻击才受伤的，目前还在急诊室观察。因为这次事件纯属意外，理赔应该没问题。"

明雪仍不放心："这么说来，如果老先生发生意外，受益人就是蔡子玮吗？这个人有没有问题？"

"据我调查，蔡子玮已三十几岁了，未曾有过正当工作，还结交坏朋友，整天不务正业；不过，他并没有犯罪前科。你瞧，他就在对街等朋友来接。他刚刚探望老先生时，我和他谈过话。"

她望向对街，音像店门口有个穿黄衬衫、戴着墨镜的瘦削年轻人，正举手向一辆黑色轿车打招呼。轿车靠向路边，让他上车。

明雪心头猛地一震——她认出那辆黑色轿车的车牌号码，连忙问道："魏大哥，你有没有开车来医院？"

"当然开车了。怎么啦？"魏柏一头雾水。

"快，跟踪那辆黑色轿车！"

他一脸不解："为什么？"

"别问了，快去开车！车上我再慢慢告诉你。"

受惊的蝙蝠

❋ ❋ ❋

两人一路跟踪到市郊山脚下，黑色轿车驶进铁皮屋前的空地，上面立了一块"爱犬训练学校"的招牌，屋旁是一排铁笼。魏柏怕被发现，不敢跟得太近，在远处就停靠路边："现在怎么办？"

这时，一名农夫骑着自行车，从轿车旁经过；明雪灵机一动，叫住农夫并小声和魏柏商讨计划。她用手机打了一通电话后，便独自向爱犬训练学校走去。

她一踏上铁皮屋前的空地，笼子里十几只狗同时吠叫，声势惊人；屋内马上冲出一只大黑狗，朝明雪狂吠。

屋里走出一名肤色黝黑的长发男子，喝止狗群吠叫，原本笼子里嘈杂的狗立刻安静，黑狗也在原地坐定。蔡子玮随后走出屋外，站在他身后。

长发男子打量明雪，觉得有些熟悉，却想不出在哪里见过她，就问："你有什么事吗？"

明雪微笑着说："我想为我家小狗找个教练，教它一些把戏。"

他一听是顾客上门，立刻堆满笑容，并递上名片："你真是找对地方了！我是狗狗训练师，你可以叫我谢教练；如果你将小狗送来训练，它就会这么听话。"接着他指挥黑狗做一些动作。

明雪又问了一些与训练课程相关的问题，接着提议："我希望能了解一下您的训练成果，请问我可以做个实验吗？"谢教练自负地说："你尽管试，我的狗听话得很！"

此时正好有一位自行车骑士经过，明雪取出稍早在宠物店买的金属哨子，用力一吹，虽然没发出响亮的哨音，只有"嘘、嘘"的微弱气流声，但蹲坐在地的黑狗一跃而起，往自行车骑士飞扑而去，人与狗扭缠成一团！

明雪对谢教练大喊："快叫狗回来！"

谢教练大喊一声，黑狗立刻回到他身边坐好，倒在地上的骑士也站了起来。

待看清楚对方是谁，蔡子玮惊讶高呼："你不是刚刚问我话的保险调查员吗？"

受惊的蝙蝠

原来，自行车骑士就是魏柏！他拍去身上的灰尘，点点头。

谢教练这时也恍然大悟："我想起来了！你就是前天在公园里用树枝打小黑的女生，对不对？当时我只远远看见你，加上你现在穿学生装，我一时认不出来……说！你来这里做什么？"

他也不管站在一旁的魏柏，粗声粗气地威吓眼前的小女生。

明雪深吸一口气，壮着胆子回答："我说过了，我是来做实验的。你刚才亲口承认前天去过大水池，那么攻击老先生的狗应该就是这只小黑，没错吧？"

谢教练这才明白她是来调查案件的，虽有点懊恼，但仍极力辩驳："世界上黑狗这么多，你怎么能证明攻击老先生的就是小黑？"

魏柏回应："这倒不难！老先生当时的衣服被当成证物保存，从咬痕中一定能化验出狗的 DNA ！"

谢教练强作镇定："我……我承认前天到大水池旁遛

狗，小黑却突然失控，攻击一位老先生。我因为害怕，事发后赶紧带它回家。一切都是意外，顶多我赔偿医药费就是，没什么大不了的！"

"可是我的实验证明这并非意外，而是预谋杀人事件。"

"你胡说些什么？"谢教练气急败坏地呵斥。

明雪晃了晃手中的哨子："这是狗笛，你身为训练师不可能不知道，这种哨子能发出人类听不到的超声波，但狗接收得到。你和蔡子玮应该相当熟识，我猜想他为了早点得到养父的财产和大笔保险金，所以与你勾结，把蔡老先生的生活习惯告诉你，包括每天上午骑自行车到菜园，中午返家吃饭；然后由你负责训练小黑，一听到狗笛声就攻击骑自行车的。"

见两人脸色一阵青、一阵白，明雪得理不饶人，再乘胜追击："你前天依照计划来到大水池边，让小黑躲在草丛里，你则待在车上观察。等老先生骑车经过，你就吹响狗笛；池畔游客听不见笛声，只看到小黑咬人，都可作证是意外事件，加上老先生年纪那么大，如果受不了从车上

- 119 -　受惊的蝙蝠

摔下来及被狗咬伤的折磨而一命呜呼，你们的阴谋就得逞了吧。"

还没等明雪说完，魏柏就气愤地插话了："可是刚刚实验证明，受过训练的小黑会以狗笛为命令，才攻击骑自行车的人。你们非但领不到保险金，我还要告知警方，以'蓄意谋杀'罪名起诉你们！"

谢教练立刻出言恐吓："哼！你们既然知道小黑受过训练，只要我一声令下，它就会咬断你们的喉咙！"

他手一举，小黑果真露出白色的尖牙，摆出攻击的姿态。

明雪此时虽仍害怕不已，但她还是装出神色自若的表情："哈哈！我们既然敢来，难道会让自己陷入险境吗？这位调查员魏先生可是武术高手，所以刚才小黑根本伤不了他，况且——"她故意停顿一下，接着说，"我在下车前早就打电话报警了，你们就等着吧！"说完，只见蔡、谢两名男子惊疑不定。

此时，警笛声由远而近，谢教练和蔡子玮知道事情败露，转为互相指责对方。

李雄指挥警员将两人押上警车，小黑也被装进狗笼，等候法院发落。他还带来好消息："蔡老先生已经清醒，医生说没有生命危险了。"

警车离去后，魏柏先将自行车还给附近农家，然后开车送明雪回家。他好奇地询问："歹徒的计划几乎天衣无缝，你怎么察觉出他们利用超声波操纵狗犯罪的，还建议我假扮自行车骑士，让他们露出马脚？"

明雪笑着说："大水池恰巧在前面，你把车停在停车场，我表演给你看。"

她指挥魏柏把车停在星期天中午谢教练停车的位置，并将车窗摇下一半，说："谢教练因为心虚，随时准备逃跑，所以没熄火，引起我的注意。小黑可能潜伏在附近草丛中，待谢教练拿出狗笛……"她对着狗笛用力一吹，池畔树林间突然飞出一群蝙蝠，吓了魏柏一跳。

"这是怎么回事？"

"谢教练用狗笛指挥小黑犯案，可是蝙蝠也对超声波

受惊的蝙蝠

很敏感。当狗笛一响,虽然人类毫无知觉,但蝙蝠受到惊扰,就算是大白天,也从树洞飞出。这种不寻常的现象引起了我的怀疑,所以今天才能顺利破案。"明雪详细解释。

魏柏点点头:"谢教练利用动物犯罪,没想到也因为动物而露出破绽!"

明雪意味深长地说:"所以啊,百密必有一疏。人还是千万别存做坏事的念头!"

魏柏对她一笑:"你年纪轻轻就老成持重,当起老师了!"惹得明雪一阵白眼。

科学小百科

　　超声波是指20kHz（千赫）以上的声音，人类无法听到，却是夜行性动物（例如蝙蝠）及海底生物（例如鲸鱼）用来沟通及定位的最佳工具。

　　蝙蝠发出的超声波频率为20~120kHz，不同种类的蝙蝠发出的频率各有差异，但具有极佳的回声定位能力，让蝙蝠能清楚得知食物的距离、方向及形状。依照频率律动，蝙蝠的超声波大致可分为两类：一为常频频率的CF型，频率固定，声波较单调，含载信息也较少；另一类则为调频频率的FM型，波长较短，音讯复杂，能迅速判定目标的方向、距离及特征。是不是很神奇呢？

受惊的蝙蝠

身如漂萍

星期五的自然与生活科技课堂上，明安做了一个有趣的实验。

老师要求同学们把生鸡蛋放进一杯自来水中，待大家发现鸡蛋会沉在水底，他便指示同学们取出鸡蛋，慢慢加入食盐；每加一勺，就用筷子搅拌，直到全部溶解后，再加第二勺。加入五六勺食盐后，老师再次要求大家把鸡蛋放入盐水中，同学们惊讶地发现鸡蛋不再沉入水底，而是浮在水面。

老师解释："生鸡蛋的密度略大于1克／立方厘米，所以会沉在水底。但添加食盐后，水的密度增加，如果溶解

的食盐够多，水的密度就比鸡蛋大，所以鸡蛋就会浮在盐水上。"

认真的明安举手发问："老师，如果我们在海里游泳，是不是也比较容易浮起来？"

老师点点头："没错。举例来说，以色列和约旦之间有个死海，它其实并非海洋，而是内陆盐水湖，只是因为盐分太高，湖里没有任何动物、植物能存活，所以被命名为死海。可是对人类来说，这是一片死不了的海，因为人体根本沉不下去！到死海度假的游客，还可以悠闲地躺在水面上。"

老师边详细说明，边在屏幕上展示投影照片：一名旅客头戴草帽，躺在湛蓝的湖水上翻阅杂志。

同学们不禁啧啧称奇，老师则继续补充："船舶从河流驶入海洋时，吃水量减少，也就是船身会向上浮，这些现象都显示盐水密度比淡水大，所以物体在盐水中比较容易浮起。"

☀　　☀　　☀

　　放学后，明安和几位同学一起走路回家，大家意犹未尽，热烈讨论实验的内容。忽然间，明安看见一道熟悉的身影从便利商店走出来，兴奋地大喊："魏大哥！"

　　原来对方是私家侦探魏柏，他面带微笑，向明安点头示意。

　　明安发觉他变黑了，好奇地询问："魏大哥，你怎么晒得那么黑啊？"

　　魏柏笑着回应："我最近迷上了冲浪，放假就往海边跑，所以晒得比较黑。"

　　"冲浪？好像很好玩耶！魏大哥，我可以跟去开开眼界吗？"提到玩耍，明安就兴致高昂。

　　"可以啊！我明天一大早出发，如果你的父母同意，我可以去接你。"魏柏一口答应他的要求，明安立刻向魏柏道别，快步踏上回家的路——他已经等不及要询问爸妈的意见了。

　身如漂萍

一回到家，明安立即征求父母的意见，爸爸听到是和魏柏出游，马上点头应允，明安便打电话和魏柏约时间。

魏柏的声音从电话那头传来："我们得早点出发，才不会被太阳晒昏头……这样好了，我明天早上六点到你家接你。"

虽然明安平常都会在假日睡懒觉，但为了到海边玩，即使牺牲睡眠也在所不惜。

☀　　　☀　　　☀

第二天，不等妈妈敲门，明安就自行起床了。他安静地洗漱完毕，便到门外等候魏柏。六点一到，魏柏的车子准时出现，两人就直奔海边。

到达目的地后，魏柏把车子停在路边，从后座取出冲浪设备。魏柏带着明安做热身运动，并教他如何在冲浪板上平衡身体。等他渐入佳境，魏柏拍拍他的肩："你今天就在这里练习，我先去冲浪。"说完，他就抱着冲浪板下水了。

魏柏先是趴在滑水板上拨水，接着借由海浪的力量站起身来，迎向浪头。明安非常羡慕魏柏的矫健身手，但也知道自己只有加紧努力，练习板上平衡，才可能像他那样厉害。

　　几分钟后，魏柏十万火急地赶回岸上，高声喊道："明安，快报警！有人漂浮在海面上，因为太远了，我无法辨别他的生命状态！"闻言，明安急忙跳下滑水板，拿出手机报案。

　　约莫十分钟后，警方已赶到海边，救难船也前往搜寻，可惜几分钟后传来坏消息：漂浮在海上的是一个女人，已经死亡。救难船把女人打捞上岸，警方也拉起封锁线。

　　明安远远看到那名死者穿着碎花洋装，心想：看来不是冲浪溺水的。

　　许多游客失去游兴，纷纷离去。魏柏则脱下湿淋淋的泳装，穿上黄色套头衫——是他发现的，必须留下来做笔录，暂时不能离开。

　　不久，警官李雄带着鉴识专家张倩抵达现场。因为

身如漂萍

李雄承办一起女性失踪案件，怀疑这名死者就是他在找的人，所以前来确认。他看过死者后，皱眉向张倩解释："唉，果真是失踪的女店员黄圣婷。她母亲在前天深夜报案，说她星期四早上出门上班后就没回家……没想到今天终于找到她了，却是一具冰冷的遗体。"

接着，李雄询问魏柏发现死者的经过，并指示警察作笔录，张倩则忙着搜证。

因为两人先前就认识，所以魏柏好奇地反问："既然前天深夜就报案，那你们应该做了一些调查吧？"

"嗯，没错。黄小姐现年二十七岁，在一家店工作已经三年。她平日工作很勤快，星期四那天事先请了假，可是，她并未告知母亲没去上班的事。其他店员透露，她的男友是远洋渔船船员伍家庆，我们查到星期四那天，伍家庆正好准备出海捕鱿鱼，此趟航程预计要三个月。我猜，黄小姐是请假送男友出航，但因为两人交往的事并未让母亲知道，所以没告知她当天行踪。"李雄大致说明案情。

魏柏点点头："这番推论挺合理的。一般而言，溺水的人差不多两三天就会浮起来，若往前推算……黄小姐可能在失踪的第一天就发生不幸，如果真是这样，伍家庆就涉有重嫌。或许他们在码头道别时起了争执，伍家庆就把黄小姐推入海里，然后登船远走高飞。"

李雄面容一板，坚定地说："如果人真的是他杀害的，即使跑到天涯海角，也难逃法网！"

这时，张倩刚好完成初步搜证，便指示警员将死者运回实验室，以进行更详细的检验。

明安好奇地问："阿姨，为什么溺水的人在两三天后会浮起来？我听同学说是死者显灵……"

张倩立即否认："当然不是。人过世后，器官会腐坏，遭细菌分解即产生气体；因为体积变大、整体密度变小，所以才往上浮。"

李雄提出质疑："如果是泡水两三天才浮起来，应该会全身肿胀，但黄小姐的面貌和她妈妈送来报案的照片没有人人不同，不是很奇怪吗？"

众人陷入苦思，不知如何解释这个不合理的现象。忽

身如漂萍

然，明安双手一拍，大喊："我知道了！本来溺水的人要两三天才会浮出水面，但这里是海洋，密度较大，所以遗体尚未肿胀得很厉害就浮起来了。我们应该缩短黄小姐落水的时间，才不会弄错调查方向。"

张倩深感赞同："有道理！没想到我们竟然陷入盲点。明安，你的推理能力变强啦！"

明安不好意思地挠挠头："昨天在课堂上刚好做了一个实验，发现生鸡蛋在淡水中会下沉、在盐水中会浮起，才引发我的联想。"

魏柏也道出自己的推论："这么说来，黄小姐生前可能掉落河川，恰巧漂流到这里，遇到密度较大的海水，才浮出水面。如此一来，伍家庆的嫌疑就大幅降低。"

张倩又补充了一句："我刚才发现，黄小姐身上没有明显的伤痕，但碎花洋装有一道撕裂的缺口，可能是落水前钩破的。如果能找到衣服纤维的遗留处，或许就可以确定案发现场。"随后，她把证物带回化验，李雄则不停以电话与外界联系。

待现场工作告一段落，魏柏要送明安回家，李雄走过来告知他们："我通过渔船公司的帮忙，请他们用无线电帮我接上线，向目前人在渔船上的伍家庆问话。他坚持说直到星期四傍晚上船为止，黄圣婷都安然无恙地和他在一起，船长也向我保证，当天因为发电机故障，他们比预计时间慢了一小时出航，而且他亲眼看见黄圣婷站在码头边挥手，所以伍家庆没有犯案嫌疑。"

　　因为已过中午，魏柏先带明安到附近面馆吃午餐。这时，保险公司打电话给魏柏，要他调查这起案件——原来，黄圣婷是保险公司的客户。魏柏感慨地说："黄小姐漂浮在海上，我是第一个发现者，现在公司又派我调查，我总觉得冥冥之中，自己好像有责任协助警方查清案情。"

　　上了车后，魏柏拿出地图，仔细研究。明安不解地问："魏大哥，你为什么要研究地图？"

　　魏柏头也不抬地回答："我想，黄小姐没有告诉妈妈请假的事，加上渔船启航的时间晚了一小时，心急如焚的她想必会以最快的速度赶回家。所以，只要找出她回

身如漂萍

家的路线中，哪个地点离河流最近，应该就能找到案发现场。从码头到她家，最快的方法是先搭火车，再换公交车……你看，从火车站走到公交车站牌，要穿越一座公园，而公园旁就有一条河流——这条河的出海口，正是我们冲浪的地方。"

"太好了，我们快去调查！"明安兴奋地说。未料魏柏摇摇头："我觉得，还是先送你回家。"

明安马上使出"缠功"："魏大哥，拜托啦！今天是假日，回家也没事做，就让我参与调查工作吧！"

魏柏拗不过他，只好勉强答应："好吧！报案电话是你打的，况且要不是你指出海水密度较大，我们也想不通案发时间的矛盾。不过，如果我判断有危险，你要听我的话，马上撤离！"

"没问题！"明安听到能参与调查，立刻爽快答应。

抵达火车站后，两人亲自走一趟魏柏刚才模拟的路线。进入公园前，魏柏故意让明安去问路，明安走到公园门口，问一位卖香肠的小贩："阿伯，我要搭26路公交车，怎么走最方便?"

热心的小贩立即回应:"只要穿过公园,从另一边的出口出去就到了。不过,你这么小,又一个人,我建议你沿着公园外的围墙走。这里常有流氓调戏妇女或欺负小孩,尤其晚上更不安宁。"

魏柏这时才走过来,向小贩道谢:"谢谢你的警告,不过,我们赶时间,还是走近道好了。"

小贩见他们不听劝阻,无奈地摇摇头:"你们自己小心点。前天晚上我还听到公园里传来女子尖叫的声音,他们大概又在欺负夜归的女孩。"

魏柏和明安对看一眼,心里都有了谱,快步走进公园。里面果然很冷清,只有疏疏落落几个人散布在角落,以充满敌意的眼光瞪着他们。明安吓得躲到魏柏身后,魏柏则拿出手机,将小贩的说法告知李雄:"他提供的信息很有用,你要不要立刻来一趟?我们现在要到河边,看看有没有什么线索。"

来到河边,魏柏蹲下身去,仔细查看岸上的栏杆:

— 135 —　身如漂萍

"你瞧，上面有一条撕裂的碎花布条，花色正好和黄小姐穿的衣服一样。"他正因发现重要线索而感到高兴时，明安却紧张地扯住他的衣袖。

魏柏回头一看，发现三个年轻人站在身后。带头的年轻人穿着红色套头衫，凶狠地说："你们不知道这是谁的地盘吗？"

魏柏发出冷笑："哼，终于现身啦！前天晚上，你们是不是也这样欺负一位夜归的女孩？"

红衣老大略显慌张，回头吆喝两名手下："给我打！"

另外两人一拥而上，但魏柏毫不畏惧，出手还击。几分钟后，两人不支倒地，魏柏回头想解决那名老大时，却发现明安被他抓住。

"快放开他！"魏柏着急怒吼，但对方紧抓明安不放，还强行辩驳："你怎么知道前天晚上的事？我们没对她怎样，只是想跟她开玩笑，谁知道她转身就往河边跑，我们追过去时，她已跨过栏杆、跳进河里，游泳逃走了……"

魏柏听他避重就轻的解释，愤怒不已："她被你们害死了！"

听见自己闯下大祸，红衣老大呆住了，明安立刻乘机挣脱他的控制。魏柏跨步上前，一拳将他击倒，两名手下见状急忙想开溜，一个健壮的身影却挡在眼前——原来是李雄赶到了！他张开双臂，一手一个，把两名手下牢牢抓住，身后的两名警察也将红衣老大拎起来，戴上手铐。

气喘吁吁的魏柏拍拍明安："你没事吧？我没想到这群流氓这么嚣张，万一让你受伤，我可不好向你父母交代。"

明安摇摇头："没事，我们替黄小姐报了仇，就算冒一点险也值得！"

说完，这对忘年之交相视而笑，希望这个结果能聊慰黄小姐在天之灵。

身如漂萍

科学小百科

　　海水密度是指单位体积的海水的质量。海水密度随着海水盐度和温度产生变化。如文中所述，淡水的密度比海水的密度低。

　　同样是海水，盐度又与温度有关——赤道地区的温度较高、盐度很低，所以表面海水的密度就很小，大约只有1.0230克／立方厘米；但由赤道往两极方向走，水温降低，海水密度可达1.0270克／立方厘米以上。

　　我喜欢看侦探故事书，但是对化学还不太懂，看到《学化学来破案》这本书，先翻了几页，就被吸引住了。原来并不需要学习多高深的化学知识就能看得懂，从有趣的生活故事中就能学到这么多的化学知识，真是太好了，我以后再也不怕学化学了。其中有个故事叫《当局者"醚"》太吸引我了，因为我也很想解剖青蛙，所以我就想看看他们是怎么做的。原来他们是先用麻醉药——乙醚，让青蛙昏迷，这样可以使青蛙不疼。另外，乙醚还可以麻醉人。书中的高中生因为了解这个知识，还帮警察抓住了装神弄鬼的坏人，真是太神奇了。我也想有这样的化学老师，也想好好学习化学。

　　还有个故事叫《焰色反应》，我知道了某些金属离子在燃烧时会出现不同颜色，这就是焰色反应，原来五颜六色的烟花就是根据焰色反应的原理做成的。我还很喜欢书中的主人公，能用化学知识破案，太神奇了。所以如果长大以后想当侦探，一定先要学好化学哦！

河南省巩义市子美外国语小学四年级　康凌璧

　　《学化学来破案》这套书让我发现，原来化学一点儿也不难，生活中的许多现象都是化学，让我从这些有趣的侦探故事中初步认识并爱上了化学课。这套书里的每一个人物都性格分明，有自己的特点，每一个故事都那么引人入胜，让人身临其境。这些故事中，最让我印象深刻的是《酒不醉人》，通过描写明雪如何品尝红酒，引出"神秘果"，最后与醉酒撞车案相联系而破案。总而言之，机智勇敢的明雪，聪明却懵懂的明安，负责任的李雄警官，都是我学习的榜样，相信我以后一定会学好化学课的。

湖南省长沙市岳麓区实验小学五年级　向珂

　　化学是什么？它一直给我一种很神秘、很厉害、很难懂的感觉。小时候，我也曾经跟着兴趣班的老师做过跟化学有关的实验。教室前面的大台子上摆着大大小小的瓶瓶罐罐，老师说它们叫试管和烧杯，还有一些叫酒精灯和坩埚。老师像变魔术一样，把这里面的水加到那个里面去，或者再往那个里面加一些粉末，然后瓶子里面发生了奇妙的变化，或者颜色变了，或者连续不停地往外喷泡沫。好有趣啊！好神奇啊！好厉害啊！但是它跟我有什么关系呢？化学就像隔离在我的生活之外的东西一样，很神秘，让人不明就里，而且离我很远，仿佛很难。

　　但是，《学化学来破案》让我改变了对化学的看法。原来，我们生活在一个充满化学的世界，生活中化学无处不在，吃的、穿的、用的、玩的，都离不开化学。热敏纸打印出文字的原理，如何让铁皮上磨掉的字迹重新显现，警察又是怎样鉴定遗嘱的真伪，这些有意思的故事都是化学知识，这些可能被讲得很深奥的化学知识都变成了故事。一个个描写生动、扣人心弦的故事就这样不动声色地把化学介绍给了我。这本书为我打开了一个崭新而且奇妙的世界，它召唤着我去探索。我今年刚刚上初一，化学是初三才开设的课程，好期待啊！

北京市海淀区教师进修学校附属实验学校初中一年级　陈信雅

　　我是一名初二学生，还没有正式学化学，所以当妈妈给我拿来这本书的时候还满心抱怨。但是因为平时喜欢侦探类的小说，周末忙里偷闲试着翻了翻竟然一口气读完了。开始我只是沉浸在故事本身，情节跌宕起伏，有时在我认为结局已定的时候故事又来个峰回路转。当然不管犯罪分子如何充满心机，最终都没能逃脱明雪的慧眼，落入法网。但后来我读到《黑心漂白》，想到家里妈妈有时也用漂白剂，新奇之下仔细阅读了"科学小百科"部分，惊喜地发现故事里原来暗藏着这么多科学道理，并且和生活关系如此密切。之后我还郑重地提醒妈妈千万不要把漂白剂和其他清洁剂混在一起使用，俨然一个小管家的样子。另外我不得不说"科学小百科"哪里只有化学知识，像酒精检测、血液检测明明还渗透着生物和物理小知识勒！

北京市上地实验学校初中二年级　卓明昊

　　我一口气看完了《学化学来破案》，对于我这个已经学过化学的初三学生来说还是受益匪浅的。书中有很多关于化学破案的知识，有些是我学过的，比如《口水之战》，知道二氧化碳可让淀粉溶液变混浊。但是却不知道，原来一点点口水就能检测出人的DNA，从而找出罪犯。比如《飞来一笔》，知道原来从一个字就能用化学检测出是否使用了不同的墨水，从而查出遗嘱是否被修改过。陈伟民老师真是写故事的高手，能把这么多的化学知识，甚至物理知识、生物知识融入一个个小故事中，让我看一遍就能记忆深刻，比在课堂上学到的知识更容易记得住，而且还能在生活中发现，原来这些也是化学知识的应用呢！真希望能把作者请到我们学校当化学老师啊，这样我的化学成绩肯定会突飞猛进的！

北京市育英学校初中三年级　魏禹谋